# ELON MUSK
## Os negócios do empreendedor que
## ESTÁ MUDANDO O MUNDO

EDUARDO INFANTE

# ELON MUSK
## Os negócios do empreendedor que
## ESTÁ MUDANDO O MUNDO

1ª Edição
2021

Prata

São Paulo-SP
Brasil

*Copyright © 2021 do Autor*

Todos os direitos desta edição reservados à
Prata Editora (Prata Editora e Distribuidora Ltda.)

*Editor-chefe:* Eduardo Infante
*Projeto gráfico de miolo e capa:* Julio Portellada
*Diagramação:* Estúdio Kenosis
*Imagem da capa:* www.vexels.com
*Revisão de texto:* Flávia Cristina Araujo

---

Dados Internacionais de Catalogação na Publicação (CIP)
(Câmara Brasileira do Livro, SP, Brasil)

Infante, Eduardo
　　Elon Musk : os negócios do empreendedor que está mudando o mundo / Eduardo Infante. -- 1. ed. -- São Paulo : Prata Editora, 2021.

　　ISBN 978-65-86262-01-8

　　1. Biografia 2. Empreendedorismo 3. Gestão de negócios 4. Musk, Elon, 1971 I. Título.

21-64596　　　　　　　　　　　　　　　　CDD-926.6

Índices para catálogo sistemático:

　　1. Empresários : Biografia 926.6

Aline Graziele Benitez - Bibliotecária - CRB-1/3129

---

**Prata Editora e Distribuidora**
www.prataeditora.com.br
facebook/prata editora

Todos os direitos reservados a autora, de acordo com a legislação em vigor. Proibida a reprodução total ou parcial desta obra, por qualquer meio de reprodução ou cópia, falada, escrita ou eletrônica, inclusive transformação em apostila, textos comerciais, publicação em websites etc., sem a autorização expressa e por escrito do autor. Os infratores estarão sujeitos às penalidades previstas na lei.

Impresso no Brasil/*Printed in Brasil*

*Dedico este livro às minhas filhas Lara e Lívia.*
*Que ele seja um incentivo para que, assim como Elon Musk,*
*elas pensem grande e voem alto em suas vidas.*

# Sumário

Introdução   9

Capítulo 1 – Infância e formação   11

Capítulo 2 – Primeiros negócios e início da fortuna   15

Capítulo 3 – SpaceX – a conquista do espaço   23

Capítulo 4 – As naves espaciais da SpaceX   39

Capítulo 5 – Tesla – revolucionando o mercado automobilístico   47

Capítulo 6 – Os carros da Tesla – tecnologia e design que conquistaram o mercado   69

Capítulo 7 – SolarCity – energia limpa para um mundo sem poluição   83

Capítulo 8 – The Boring Company   91

Capítulo 9 – Neuralink   95

Capítulo 10 – As criptomoedas de Musk   97

Capítulo 11 – Como Elon Musk administra seus negócios   101

Capítulo 12 – Vivendo no presente e no futuro de Elon Musk   125

# Introdução

A maioria dos empreendedores encara uma atividade, um negócio, como uma forma de ganhar dinheiro, pagar facilmente suas contas pessoais, ficar rico, poder desfrutar de luxos, viagens e ter um futuro garantido. Alguns raros empreendem porque querem mudar o mundo, fazer dele um lugar melhor para todos. E existe Elon Musk!

Nesse sentido ele é único. Suas motivações para empreender e criar são seus mais profundos medos, algo que muitos poderiam considerar até mesmo infantil, mas é o que move todas as atividades desse grande homem de negócios. Para ele é muito mais do que negócios, é uma missão de vida: ele quer salvar o mundo e evitar a extinção da própria raça humana.

Todos nós sabemos dos riscos que a Humanidade corre de ser extinta devido a guerras ou pela destruição irreversível do meio ambiente, o que tornaria o nosso planeta inabitável. Existe, ainda, o risco de um grande asteroide colidir com a terra e aniquilar a humanidade, assim como aconteceu com os dinossauros, os seres vivos dominantes em nosso planeta há 60 milhões de anos.

Elon Musk quer, a qualquer custo, garantir que a raça humana possa sobreviver a tudo e, para isso, a única saída será espalhar nossa espécie pelo espaço, colonizando outros planetas, a começar pelo planeta vermelho, Marte.

Além disso, para garantir que a humanidade não destrua a Terra com a poluição e exaustão das fontes de energia disponíveis, como o petróleo,

## INTRODUÇÃO

Elon Musk se dedica à criação de carros elétricos e produção de energia limpa e renovável.

E isso não é tudo que esse Sul Africano, que emigrou para os Estados Unidos está fazendo.

Na área da exploração espacial, em poucos anos ele conseguiu realizações que a NASA levou mais de três décadas para fazer algo semelhante.

Elon Musk é um empreendedor único na história e, por essa razão, temos muito a aprender com ele. Por ter se tornado um ícone do empreendedorismo tecnológico do século XXI, com carros elétricos e viagens ao espaço, ele já está sendo conhecido como o "Homem de Ferro", em alusão ao famoso personagem da Marvel, o empresário Tony Stark – o Homem de Ferro! Mas não é só por isso. Ele realmente foi a inspiração para o Tony Stark, vivido por Robert Downey Jr.

No início de 2007, Robert Downey Jr., que estava prestes a viver o papel no primeiro filme do Homem de Ferro, teve a ideia de conhecer Elon Musk, pois julgava que Tony Stark, nos dias de hoje, certamente seria alguém como Elon Musk. E eles se conheceram em março daquele ano, quando Downey Jr. foi visitar a sede da SpaceX e foi recebido pelo próprio Musk, que o levou para conhecer todas as instalações. Eles passaram um bom tempo juntos e almoçaram juntos. O ator queria pegar hábitos, "jeitos" e as excentricidades de Musk, para que pudessem ajudar a dar vida ao Homem de Ferro. Ele ficou muito impressionado com Musk e usou muito do que viu naquele dia na criação da personalidade de Tony Stark!

Elon Musk realmente é único e seu jeito de ser "Homem de Ferro" vai muito além da forma de agir, mas muito mais tem relação com a forma como administra seus negócios e, especialmente, luta para realmente mudar o mundo e a humanidade!

# 1

## Infância e formação

Elon Reeve Musk nasceu em Pretória, na África do Sul, em 28/06/1971. Sua família era rica, seu pai, Errol Musk era empresário, dono de uma mina de esmeraldas na Zâmbia, além de ser formado em Engenharia Mecânica. Sua Mãe, Maye Musk, era modelo e nutricionista. Errol e Maye tiveram três filhos: Elon, Kimbal e Tosca. Em 1979 o casal se separou e os três filhos ficaram com Maye. Em 1981, Elon, com apenas dez anos, decidiu que iria morar com seu pai, pois não achava certo ele ficar sozinho.

Apesar de admitir que aprendeu muito com seu pai, o relacionamento entre os dois nunca foi dos melhores e Elon já chegou a fazer duras críticas em público contra o pai.

Pelo fato de ter um pai engenheiro, Elon aprendeu muito sobre o funcionamento de muitas máquinas e "coisas" em geral com ele. Seu pai costumava levar Elon a lugares onde trabalhava e aproveitava para ensinar o máximo possível a ele. Errol é um homem muito inteligente e isso certamente influenciou positivamente a formação intelectual de Elon. Os dois conversavam muito e Errol gostava de ensinar tudo que fosse possível a seu filho.

## INFÂNCIA E FORMAÇÃO

Errol levava seus filhos para viajar muito e isso certamente ajudou a moldar a visão de mundo de Elon e Kimbal. Errol os levou a conhecer países em praticamente todos os continentes, além de leva-los frequentemente em viagens pela África. A partir dos 6 anos de idade, Elon viajava com frequência e isso, aos poucos, foi dando forma a ideia de, um dia, morar em outro país que, eventualmente, identificou como sendo os Estados Unidos.

Sua curiosidade em saber como tudo funciona foi uma boa influência de seu pai. Entretanto, segundo muitos relatos do próprio Elon e seu irmão, seu pai também tinha um lado muito "sombrio", o que causou muitos problemas de relacionamento entre eles. O relacionamento entre Elon e seu pai chegou a um ponto tão ruim que ele e sua esposa decidiram que seus filhos nunca iriam ver o avô paterno.

Elon acabou se tornando um "nerd" assumido! Gostava muito de ler, era introspectivo e usava os livros como uma espécie de refúgio contra a "selvageria" dos alunos da sua escola.

Além de seu amor pelos livros, desde os 10 anos de idade, Elon cultiva uma grande fascinação por foguetes. Nessa idade ele já fazia experimentos com pequenos foguetes.

Nessa mesma época ele teve seu primeiro contato com um microcomputador, algo ainda novo no início dos anos 1980. Ao ver um Commodore à venda em uma loja de um shopping center em Joanesburgo, Elon, como toda criança que vê um brinquedo novo, ficou fascinado e não "sossegou" enquanto seu pai não comprou um para ele. Aí nascia mais um grande interesse "nerd" da vida de Musk: tecnologia digital e programação de computadores.

Nesses anos pré-adolescentes, Elon passava muito tempo com seu irmão Kimbal e seus primos Russ, Peter e Lyndon, com quem, muitos anos depois, viria a fazer negócios e assumir a frente de mais um empreendimento inovador.

Seu interesse cada vez maior em programação permitiu que Musk, então com apenas 12 anos de idade, já fizesse programas de videogames. E talvez tenha sido nessa época que o seu instinto de empreendedor tenha começado a surgir.

Devido à sua capacidade e talento para criar códigos-fonte, ou seja, os programas dos videogames, Musk foi foco de uma matéria de uma revista de negócio e informática da África do Sul. A revista publicou o código-fonte de um jogo criado por Musk e, pela matéria, o jovem Elon recebeu a quantia de 500 dólares, o que certamente foi um grande incentivo para que ele viesse a criar outros programas e outras coisas que pudessem render a ele resultados, fosse dinheiro ou algum tipo de sucesso.

Com o passar do tempo, a cultura "geek" foi ficando cada vez mais forte na vida de Elon, Kimbal e seus primos. Eles gostavam de participar de jogos RPG, o que era considerado o "ápice" para os nerds e ele havia se tornado um típico. Musk preenchia todos os requisitos para defini-lo como nerd: seu interesse por computação, livros, filmes, jogos RPG, introvertido e todas as outras características que definem um nerd.

Naquela época, ele ainda não poderia sonhar em ser o grande empreendedor bilionário do século XXI, mas já pensava em se destacar de alguma forma. Musk pensava seriamente em se tornar um escritor de ficção científica mas, como todo garoto nessa idade, ainda não havia descoberto o caminho que o levaria à sua verdadeira vocação: o empreendedorismo na tecnologia.

Elon sofreu muito com o bullyng na escola. Apanhou diversas vezes e até mesmo chegou a ser jogado de uma escada, quando acabou desmaiando depois de bater o rosto várias vezes nos degraus. A experiência foi tão agressiva que Elon teve que ir para um hospital e demorou uma semana para poder voltar à escola.

Realmente não foi uma adolescência das mais fáceis! Ele teve que aguentar esse tipo de bullyng e perseguição na escola por alguns anos. Musk só parou de ser importunado pelos garotos da escola quando estava com 16 anos e havia aprendido a lutar artes marciais, como Judô e Karatê.

Na escola, Elon não era um aluno particularmente brilhante. Era o tipo de aluno que ia muito bem nas matérias que gostava e nas quais via alguma utilidade naquele conhecimento específico. Já em matérias que não gostava e não conseguia entender o motivo de estarem ensinando aquilo na escola, Musk apenas fazia o necessário para ter a média exigida para passar. Ele demonstrava uma memória incrível, o que acabou sendo muito útil para sua vida adulta e de negócios e também se destacava sempre em matemática.

Quando estava com dezessete anos, Elon decidiu que queria morar nos Estados Unidos, por se tratar do melhor lugar do mundo para fazer grandes conquistas e realizações, segundo ele. Ele via os Estados Unidos e, especialmente o Vale do Silício como o seu maior desejo para que lá, na "terra das oportunidades digitais" ele pudesse fazer o que mais gostava: trabalhar com tecnologia e viver no meio da efervescência criativa que aflorava no Vale. Antes de deixar a África do Sul, Musk entrou na Universidade de Pretória, para cursar física e engenharia, mas cursou apenas poucos meses antes de deixar o país.

Musk queria ir para os Estados Unidos, mas imigrar para aquele país, como todos nós sabemos, não é um processo fácil e muito menos garantido. Tendo em vista esses obstáculos, Musk acabou aproveitando a cidadania canadense de sua mãe e mudou-se para Ontário, no Canadá.

O início da vida naquele país foi difícil mas, apesar dos problemas, conseguiu ingressar na Queen's University e dois anos depois conseguiu uma transferência para cursar Economia e Física na Universidade da Pensilvânia, nos Estados Unidos. Finalmente Elon Musk havia chegado onde acreditava que deveria estar.

Na Pensilvânia ele se mostrou um ótimo aluno e suas notas garantiram a ele uma vaga na Universidade de Stanford, para se tornar PhD em física e ciência de materiais. Mas apenas um dia após começar seus estudos em Stanford, Elon decidiu largar o curso e formar uma sociedade com seu irmão Kimbal e montar uma pequena empresa. Foi quando Elon Musk realmente iniciou sua jornada como um dos maiores empreendedores de todos os tempos.

# 2

# Primeiros negócios e o início da fortuna

Durante a faculdade, Elon trabalhou como estagiário em muitas empresas do Vale do Silício, o centro mais criativo em tecnologia dos Estados Unidos e talvez de todo o planeta. No Vale funcionam as matrizes de empresas como o Facebook, Google, Apple, Microsoft, Intel, HP, Yahoo!, entre muitas outras. É a "Meca" de todos que almejam fazer algo importante na área de tecnologia, seja trabalhar em uma das maiores empresas dessa área no mundo ou tentar a sorte com uma das milhares de Startups sediadas no Vale.

Durante esse período surgiram as primeiras ideias de negócios que Elon levaria realmente a sério. Foi nessa época que e "veia" empreendedora de Musk começou a aflorar.

Musk analisava constantemente as opções de negócios que ele queria desenvolver e, claro, essa análise levava em conta o potencial de retorno mas, também suas aspirações pessoais.

Ele avaliava, desde aquela época, que os três segmentos mais promissores nos quais ele gostaria de atuar eram a Internet, mercado espacial e a produção de energias renováveis. E como as energias renováveis precisariam crescer e ter uma participação muito maior na matriz energética mundial, para que a poluição atmosférica seja reduzida drasticamente, a ideia de carros elétricos ficava cada vez mais clara na mente de Musk. Ele queria desenvolver negócios nessas áreas, mas também queria ganhar dinheiro com isso.

Musk, assim como qualquer pessoa que dá seus primeiros passos no mundo dos negócios (seja em que época for isso) foi muito influenciado pelas novas tendências, o que parece mais promissor, o que é novo e o que envolve mais tecnologia. E, naquele momento, nada era mais "brilhante", novo, atrativo e inexplorado do que a Internet.

A Internet, em meados dos anos 1990 era quase como uma nova fronteira a ser explorada. Realmente poucas pessoas no mundo faziam alguma ideia sobre o monstruoso potencial desse mundo digital que estava se abrindo para a humanidade. Musk estudava e convivia com pessoas que, assim como ele e seu irmão Kimbal, estavam loucos para empreender nesse novo mundo, um mundo em que grandes investidores de todo o mundo e, em especial, os investidores dos Estados Unidos, estavam começando a injetar bilhões de dólares em diversos tipos de empresas ponto.com. Como se dizia na época, bastava ter uma boa ideia para fazer um site na internet que os investidores vinham com facilidade!

Essa foi a época em que as primeiras grandes empresas da Internet estavam surgindo, como o Yahoo!, que era visto como a grande empresa da Internet mundial, a empresa que representava bem o que a Internet poderia oferecer de melhor e, também, mostrava aos aspirantes a grandes empreendedores do Vale do Silício, como um negócio na web poderia render muito dinheiro e ajudar a mudar o mundo. Dentro desse contexto, Elon e Kimbal mal podiam esperar para entrar nesse mundo digital tão promissor!

A primeira empresa criada por Elon Musk e Kimbal foi a Startup Global link, que tinha como objetivo o mapeamento de cidades. Seus principais clientes eram jornais e depois que o negócio ficou bem estruturado, graças a um aporte de capital feito por um grupo de investidores anjo, a Global Link passou a ter na sua carteira de clientes jornais de peso, como o New York Times, entre os seus mais de 150 clientes. O aporte inicial foi viabilizado por Greg Kouri, que se tornou sócio. Com o crescimento do negócio, a empresa conseguiu um grande aporte de capital, de três milhões de dólares e mudou de nome para Zip2.

A Zip2 era uma empresa com um conceito inovador. Na época em que a empresa foi criada, a grande maioria das pequenas e médias empresas ainda não tinha a menor ideia do que era a Internet, como entrar nela e, principalmente, como ganhar dinheiro com ela. Elon e Kimbal esperavam ser uma "porta de entrada" para essas empresas entrarem na Internet. O universo potencial de clientes da empresa dos irmãos Musk era imenso, contando especialmente com pequenos comércios e serviços, como restaurantes, cabeleireiros e papelarias. Todos eram pequenas empresas e prestadores de serviços locais, na região da baía de São Francisco. O grande problema é que a venda desses serviços era difícil, pois demandava um tipo de venda nada tecnológico: venda porta a porta!

O que os irmãos Musk ofereciam aos seus clientes potenciais era simples, mas tremendamente eficiente para fazer diferença para essas pequenas empresas. Micro e pequenos empresários lutam constantemente para aumentar o seu faturamento, por ser uma questão de sobrevivência do negócio e para o sustento de seus proprietários. Ninguém nessa situação investe em divulgação ou qualquer tipo de propaganda que não traga resultados concretos, mais vendas e em pouco tempo. E era isso que a Zip2 oferecia.

Temos que levar em consideração que, em uma época na qual a grande maioria das pessoas nem sequer sabia o que era a Internet, convencer pequenos empresários a investir nisso, algo que eles nem tinham ideia do que era e muito menos do que eles poderiam lucrar com isso, era difícil.

Elon e Kimbal criaram uma espécie de "catálogo on-line", ou algo parecido com uma antiga lista telefônica de negócios, conhecidas como as "Páginas Amarelas". Esse catálogo ou diretório online era facilmente acessível pelos internautas e permitia, por exemplo, localizar o restaurante mais próximo e, ainda, mostrar as melhores rotas para chegar lá. Isso era importante, porque as pessoas estavam aprendendo a pesquisar na Internet e essas pesquisas estavam começando a ficar cada vez mais frequentes para a localização de negócios e estabelecimentos próximos. Não foi à toa que todo o negócio de listas telefônicas colapsou poucos anos após a disseminação da Internet pelo mundo.

A parte mais difícil era o mapeamento, para oferecer opções de rotas. Se fosse nos dias de hoje, com ferramentas disponíveis como o Google Maps, fazer o que a Zip2 fez, em termos de programação, seria muito simples, mas realmente não era em meados dos anos 1990.

Para fazer com o que tudo funcionasse, Elon Musk concebeu a união de um banco de dados com a maior quantidade possível de informações sobre o pequeno comércio e empresas de serviços sediadas na área da Baía de São Francisco com outro banco de dados, com mapas da região. Mas o sistema também não funcionaria se ele não fornecesse aos usuários os dados de navegação, ou seja, você localiza o estabelecimento pelo qual procura e depois precisa ser informado sobre a distância e como chegar até ele da maneira mais rápida.

Como não queria "começar do zero" e ter que fazer tudo, Musk procurou quem já tivesse esses bancos de dados e sua intenção era de somente uni-los e criar o sistema de que precisava para fazer com que a ideia da Zip2 fosse colocada em prática.

Para começar, ele comprou a licença de uso de um simples banco de dados já existente, com informações sobre o comércio e empresas da área e procurou uma empresa que já tivesse o mapeamento da região, necessário para o seu projeto. Ele descobriu uma empresa que que dispunha de um bem detalhado banco com dados do mapeamento da região e, depois de uma negociação bem sucedida, ele já tinha tudo do que precisava para criar o sistema da Zip2. Esse sistema foi constantemente aperfeiçoado pelo pessoal da empresa de Musk. As informações sobre as empresas locais e o mapeamento de outras áreas foram dando corpo ao sistema e tornando a Zip2 mais eficiente e, eventualmente, mais atraente para investidores.

Como desde a época de colégio, Elon Musk tinha grande facilidade para programação, ele acabou criando todo o sistema inicial da Zip2 e focou seus esforços na tecnologia da empresa, enquanto seu irmão Kimbal ficava responsável pela operação de venda porta a porta. O primeiro aporte de capital veio do pai de Elon e Kimbal, que queria estimular e ajudar seus filhos a obterem sucesso. Para isso ele deu aos seus filhos a quantia de 28 mil dólares.

O início da Zip2 foi duro para os irmãos Musk, Eles trabalhavam muito e moravam no escritório, que ficava em Palo Alto, na área da Baía de São Francisco, na Califórnia. No final de 1995 os negócios melhoraram graças à criação de uma equipe de vendas.

Em 1996 a empresa de investimentos Mohr Davidow Ventures fez um aporte de capital de três milhões de dólares na Zip2. Com isso, a empresa se mudou para um lugar maior e foi desenvolvido um software para ser vendido a jornais. Esse software potencializou as vendas da Zip2, que deixou de depender do porta a porta e também passou de uma venda local para atingir clientes em todo o território americano. Até então, eles dependiam de um sistema de vendas tradicional (porta a porta), apesar de serem uma empresa de tecnologia. Isso era um contrassenso enorme, mas foi corrigido com o novo software.

O novo foco de atuação da Zip2, oferecer serviços a jornais se mostrou uma estratégia muito eficiente e conseguiu rapidamente alavancar os negócios.

Os irmãos Elon e Kimbal souberam muito bem aproveitar o "boom" da Internet no mundo. Era uma época em que até ideias razoavelmente boas para negócios online eram vistas como grandes "minas de ouro" e, por essa razão "choviam" investidores querendo aportar capital nesses negócios aparentemente promissores.

Em 1998, a Zip2 foi vendida para a Compaq pelo preço de 305 milhões de dólares. Com a aquisição da Zip2, a Compaq esperava dar mais competitividade ao seu buscador, um dos principais da época, o AltaVista.

Esta operação proporcionou a Elon a chance de começar a sua fortuna, pois recebeu a importância de 22 milhões de dólares.

Criar a Zip2, do zero e fazer dela uma empresa de enorme valor e ficar milionário rapidamente, pelo resultado direto do seu trabalho foi o que acabou por transformar definitivamente aquele jovem tímido, um verdadeiro (e assumido) nerd, em um empreendedor, um empresário confiante o bastante para "sonhar de maneira mais concreta" os seus maiores objetivos na vida. Naquele momento, após a venda da Zip2, Musk era um jovem de menos de 30 anos de idade, milionário e que acabara de entrar no seleto grupo de milionários das "ponto.com".

Ele estava realizando um sonho, era o seu primeiro grande momento de conquista profissional e pessoal na vida, e ele o aproveitou, à sua moda, mesmo já tendo olhos para seus próximos desafios. Além de novos negócios, Musk começava a se concentrar no que viriam a ser as grandes realizações da sua vida, o que ele realmente desejava e sentia que precisava fazer, para mudar o mundo e a humanidade. Era muita loucura naquele momento, mas ele já pensava em carros elétricos e na colonização de outros planetas, entre outras coisas.

Ainda em 1999, Elon e Greg Kouri, devidamente capitalizados pela venda da Zip2, fundaram a X.com, um dos primeiros bancos digitais e pouco tempo depois a X.com se uniu à Confinity, que era outro banco digital. Com a fusão, Elon Musk se tornou o CEO da nova empresa.

Quando fundou a X.com, Musk agiu de maneira diferente do que era o padrão de todos que faziam negócios criando empresas "ponto com". Nesse mundo das empresas de Internet, o formato básico, padrão para negócios e para enriquecer, era ter uma ideia, criar uma pequena empresa ponto com, encontrar um ou mais investidores, fazer a empresa crescer muito e vendê-la. Depois disso, abria-se outra empresa ponto com. Devido ao sucesso na empreitada digital anterior, o que passava confiança e mostrava capacidade de realização, ficava mais fácil conseguir investidores e, depois, todo o processo de fazer a nova empresa crescer e vende-la poderia ser replicado, sem que os idealizadores da nova empresa tivessem que fazer investimentos significativos.

A ideia era sempre ganhar dinheiro arriscando o dinheiro dos outros, nunca tirar "dinheiro do próprio bolso"! Mas Musk, depois que fez fortuna, dispunha-se a investir parte do dinheiro que ganhou em seus novos negócios, o que era sempre muito arriscado, mesmo que existissem outros investidores envolvidos.

Apesar de a X.com, naquela época, ser um projeto promissor e de Musk acreditar que bancos digitais se tornariam algo que faria parte da vida das pessoas em pouco tempo, conseguir parceiros tradicionais na área financeira era muito difícil. Isso porque, naquele momento, acreditar que poderia haver segurança suficiente para fazer operações financeiras corriqueiras, em grandes volumes e somente on-line, era algo que muitas pessoas do mercado acreditavam que demoraria muito tempo. Além disso, o conceito de um banco digital é, por definição, um confronto à forma como o sistema financeiro bancário tradicional funciona.

Dessa forma, Musk estava entrando em um novo mercado, completamente diferente do que desbravou com a Zip2, e esse novo mercado seria totalmente hostil às suas ideias.

Naquele momento, Elon passou a se interessar por um dos projetos da Confinity, um novo sistema de pagamentos que estava sendo desenvolvido pelos técnicos daquela empresa, o PayPal, que se tornaria o grande produto da empresa e um dos maiores do mundo nesse segmento. Com a união da Confinity e a X.com, surgiu uma empresa única, que manteve o nome X.com, mas que tinha como produto principal o PayPal. Com o investimento feito por Musk nessa nova empresa, ele passou a ser o CEO. Pouco tempo depois, conseguiu um aporte de capital de risco de 100 milhões de dólares e a participação de Musk acabou sendo diluída.

A fusão da Confinity com a X.com não foi nada fácil. A cultura das duas empresas era muito diferente, não houve entrosamento de ideias nem entrosamento pessoal suficiente para que as coisas dessem certo rapidamente. Com isso, muitos funcionários e os antigos gestores da Confinity deixaram a empresa e Musk se viu em uma situação muito difícil de contornar. Mas como ele não tem o perfil de quem desiste, conseguiu conquistar novos talentos. Entretanto, em pouco tempo ele sofreu um dos maiores reveses de sua vida.

Em um movimento sorrateiro, o conselho da empresa aproveitou a ausência de Musk, que fazia uma viagem, para destituí-lo do cargo de CEO da empresa e colocar um dos fundadores da Confinity, Peter Theil, em seu lugar. Quando soube da manobra, Musk voltou imediatamente, mas não conseguiu reverter a decisão do conselho. Acabou aceitando e continuou trabalhando no projeto do PayPal e até mesmo investindo. Eram negócios e Musk soube controlar o seu ego e focou no sucesso da empresa.

Como o enorme sucesso que o sistema de pagamentos PayPal estava obtendo no mercado, Musk decidiu se dedicar exclusivamente a esse projeto. Em pouco tempo a empresa, que teve seu nome mudado para PayPal, abriu o capital e conseguiu arrecadar 61 milhões de dólares.

O crescente sucesso da plataforma de pagamentos gerou interesse de grandes empresas do mercado online, entre elas o e-Bay, que acabou comprando o PayPal, em 2002, por 1,5 bilhão de dólares.

Com a aquisição do PayPal pelo e-Bay, Elon Musk, então com apenas 31 anos de idade, vendeu sua participação de 11,7% por 165 milhões de dólares.

Após conquistar essa imensa fortuna, Elon Musk passou a se concentrar no seu maior sonho, na verdade, um sonho de infância: a exploração espacial.

Elon Musk se tornou um empresário com um perfil, de certa forma, parecido com o de Steve Jobs: um grande homem de negócios, com uma grande visão de marketing e, principalmente, capaz de transformar ideias incríveis em realidade.

Sua visão de negócios o fez focar em três áreas que ele considerava como as com maiores perspectivas de grandes negócios e que sabidamente passariam por grandes mudanças: Internet, exploração espacial e energias renováveis.

# 3

# SpaceX – a conquista do espaço

Em diversas ocasiões, Elon Musk fez referência aos motivos de sua determinação pela exploração espacial: ele tem muito medo de que a humanidade venha a acabar, seja por guerras nucleares, destruição do meio ambiente ou mesmo por um cataclisma cósmico, como um grande meteoro se chocando com nosso planeta. Esse medo fez com que Musk levasse a sério a premissa de que, para que a humanidade possa se perpetuar, precisamos nos "esparramar" pelo espaço, criando colônias em diversas partes da galáxia.

Com isso, Musk ficou praticamente obcecado pelo objetivo de colonizar outros planetas, começando por Marte por se tratar do planeta do nosso sistema solar com características mais próximas às da Terra.

As viagens espaciais estavam literalmente paradas no tempo. Se compararmos a evolução da aviação, desde o primeiro voo de Santos Dumont ou dos irmãos Wright, na primeira década do século XX, podemos constatar que em pouco mais de 20 anos, voos comerciais já haviam se tornado rotineiros e que 50 anos depois, todo o planeta já era conectado por linhas aéreas. Nada disso aconteceu na conquista espacial. Passados mais de 50 anos desde que Neil Armstrong caminhou pela Lua e 60 anos desde que Yuri Gagarin fez o primeiro voo orbital, o espaço, a Lua e Marte ainda continuavam distantes, até que Musk começasse a transformar seus sonhos em realidade.

Para qualquer ser humano sensato, pensar em criar uma forma, com foguetes, estrutura, equipamentos e logística para levar pessoas a Marte e colonizar o planeta seriam delírios, ficção científica ou, em última análise, algo que poderia se tornar possível em um futuro distante e graças ao empenho de uma superpotência, como os Estados Unidos ou China.

Para Musk, obviamente, nada disso se aproximava de algum tipo de delírio e ele estava disposto a colocar os seus maiores sonhos em prática. Com isso, nascia no ano de 2001 (por coincidência, o emblemático ano do filme "2001: uma odisseia no espaço"), o projeto "Mars Oasis" (Oásis de Marte), criado por Musk, que se destinava a implantação de uma estufa em Marte, para verificar a viabilidade do cultivo de alimentos em solo marciano.

A ideia inicial desse projeto seria enviar um foguete a Marte, levando uma estufa robótica. Essa estufa utilizaria o solo marciano para cultivar uma ou mais plantas. Com isso, além de verificar e comprovar a viabilidade de cultivo em solo marciano seriam produzidas as primeiras moléculas de oxigênio em Marte.

Para chegar até Marte e levar o programa "Mars Oasis" adiante, em princípio, Musk planejava comprar mísseis intercontinentais russos, que pudessem ser modificados para viagens espaciais, o que se mostrou inviável e fez com que Musk decidisse criar sua própria tecnologia, praticamente do zero.

As ambições cósmicas de Elon Musk começaram a se tornar possíveis quando, depois de fazer uma grande fortuna ele decidiu criar sua nova empresa, a "Space Exploration Technologies", cujo nome fantasia é "Space X", que foi fundada em junho de 2002. Ela começou em um antigo armazém de sete mil metros quadrados em um subúrbio de Los Angeles. Nessa época, Musk criou um conceito visual para a fábrica e todas as suas instalações: o chã coberto com epóxi branco e praticamente todas as paredes pintadas de branco. Segundo Musk, o branco daria um ar alegre e faria com que as instalações parecessem limpas.

Depois as instalações foram crescendo e hoje se tornaram uma marca da SpaceX, outros prédios foram agregados ao complexo e as atividades de produção não pararam de se intensificar.

Com sede Howthorn, na Califórnia, a SpaceX já impressiona pelo seu gigantesco prédio principal de cinquenta mil metros quadrados. É uma enorme fábrica de foguetes instalada na área de Los Angeles. Para construir a sua fábrica, a SpaceX comprou alguns prédios de uma antiga fábrica da Boing. Os prédios eram enormes, pois destinavam-se à fabricação do Boings 747, o "Jumbo".

Com feitos tecnológicos acontecendo em uma velocidade superior à da corrida espacial entre Estados Unidos e a antiga União Soviética, nos anos 60 e 70, Musk conseguiu criar e tornar operacionais potentes foguetes, capazes de levar e colocar satélites em órbita, por um preço bem mais reduzido do que os custos que os Estados Unidos tinham para fazer essas operações. Também conseguiu operacionalizar e viabilizar o envio de astronautas para a Estação Espacial Internacional (ISS – International Space Station), por um custo muito menor do que era praticado por russos e americanos, que, aliás, utilizavam foguetes russos para enviar seus astronautas à Estação Espacial. Isso vinha ocorrendo desde 2011, ano em que a última missão do ônibus espacial atracou na Estação Espacial.

Em 2020 a Space X conseguiu a certificação definitiva da Nasa para o envio de astronautas ao espaço e passou a efetivamente enviar carga e astronautas à Estação Espacial Internacional.

## Homem de negócios do espaço

Musk não escolheu por acaso a Califórnia e, especificamente Los Angeles, para ser o centro de seus negócios espaciais. Ele sabia que nessa região se concentram muitas empresas do setor aeroespacial americano. Isso certamente seria uma vantagem, pois o intercâmbio de informações e principalmente a maior facilidade para contratar os melhores talentos do mercado fizeram de Los Angeles a escolha perfeita.

Ele queria construir foguetes de maneira mais eficiente e com custo bem mais baixo do que a NASA ou os russos. Decidiu construir os motores, que são a peça-chave dos foguetes e terceirizar a produção das demais partes do foguete. Também deveria haver um aprimoramento da linha de montagem, para que tudo ficasse mais competitivo em relação à concorrência.

Musk queria tornar a empresa tão eficiente que conseguiria fazer vários lançamentos por mês, enviando carga, satélites e astronautas ao espaço por um preço tão baixo que a NASA e a iniciativa privada usariam seus serviços por não haver concorrência no custo e qualidade. Desta forma, ao contrário da NASA que depende de financiamento governamental para construir e lançar seus foguetes, Musk teria um negócio sólido e lucrativo e, ainda, estaria caminhando para a realização do seu sonho maior que é a colonização de Marte.

Não podemos esquecer que Musk é um empreendedor nato. Apesar de querer ver um sonho de infância realizado, o de colonizar outros planetas, Musk sabe da importância de ganhar dinheiro com suas empreitadas e a SpaceX está se mostrando uma verdadeira mina de ouro.

Com as conquistas tecnológicas e os contratos já firmados com a NASA e empresas privadas, o valor de mercado da Space X disparou. Em agosto de 2020 a empresa valia 46 bilhões de dólares e já no início de 2021 o valor chegou a 74 bilhões de dólares após uma nova rodada de investimentos.

Musk nunca pensou pequeno. Além de estar protagonizando feitos inéditos, através da SpaceX, ele está competindo diretamente com gigantes da indústria aeroespacial americana, como a Lockheed Martin e a Boing, entre outras.

Recentemente, no início de 2021, A SpaceX ganhou uma concorrência bilionária para levar a futura estação espacial dos Estados Unidos que orbitará a Lua. Com mais este feito a SpaceX está indo cada vez mais rápido na direção de se tornar a empresa de maior valor no mundo (e também fora dele!).

## As estratégias de Musk para a SpaceX

Quando Musk decidiu entrar no negócio espacial, ele sabia que iria ter que "encarar" a concorrência, não só das grandes empresas do setor aeroespacial americano, mas também empresas de outros países e até mesmo governos estrangeiros.

Além dos Estados Unidos, estão nessa corrida comercial ao espaço empresas estrangeiras e países como China, Rússia, Japão e a União Europeia. Quando foi criada, a SpaceX era vista como uma "piada" pelos gigantes desse mercado, mas hoje ela se tornou a protagonista desse segmento. A empresa mais inovadora e competitiva: uma verdadeira ameaça aos concorrentes.

Antes da entrada da SpaceX no mercado espacial, quem dominava este segmento de lançamentos ao espaço, especialmente no que diz respeito a lançamentos de satélites eram Arianespace, da Comunidade Europeia, pela Rússia e pela China. Estes três *players* dominavam o mercado, mesmo praticando preços proibitivos para a maioria dos países e empresas de todos os tipos.

Desde o início, o foco principal de Musk foi o custo, levar carga e pessoas ao espaço por uma fração do preço praticado até então. A SpaceX já faz isso, mas está trabalhando para reduzir ainda mais seus custos.

Para trabalhar com custos baixos, Musk sabia que precisaria utilizar novas tecnologias, afinal, se utilizasse as tecnologias disponíveis no mercado e já utilizadas pelos seus concorrentes, a SpaceX não conseguiria obter reduções de custo significativas. O problema era que desenvolver tecnologia nova custa mais caro do que usar uma já existente, ou seja, o investimento inicial seria grande, mas deveria ser pago com a redução nos custos de lançamento.

Sem contar com financiamento do Governo, apenas com o que ele próprio havia injetado na companhia, aliado aos investimentos de risco captados, Musk não teria margem para muitos gastos e desenvolver novas tecnologias. Precisava ser rápido e gastar pouco!

Uma das principais estratégias para a redução dos custos utilizadas por Musk foi considerada uma verdadeira "loucura" por muitos, inclusive alguns investidores. Ao invés de terceirizar a produção de todas as peças e equipamentos que seriam utilizados nos foguetes, Musk decidiu que a essas peças seriam fabricadas pela própria SpaceX. O normal para empresas do setor aeroespacial é criar e entregar especificações detalhadas para fabricantes que poderiam fazer as peças e equipamentos necessários.

Musk decidiu praticamente construir várias fábricas dentro da SpaceX, para produzir peças e equipamentos que pudessem ser feitos com custo mais baixo do que o que seria praticado pelo mercado. Com isso, atualmente, a SpaceX produz cerca de quase 90% de todos os componentes de seus foguetes.

Isso parece loucura, já que esses componentes deveriam ser projetados e construídos do nada! Mas não é exatamente isso que acontece na SpaceX e os resultados se mostraram ótimos.

Além de não ficar na dependência de fornecedores que podem ser até de outros países a SpaceX partiu para utilizar soluções em equipamentos que já estavam disponíveis no mercado, para qualquer pessoa. O desenvolvimento dos equipamentos, desta forma, não começava "do nada", mas eram e ainda são desenvolvidos à partir de produtos disponíveis no mercado, para o público em geral. Isso, claro, em se tratando de aparelhos eletrônicos, mas peças grandes de metalurgia e componentes básicos, como os motores, também foram desenvolvidos e são fabricados pela própria SpaceX.

Um dos grandes feitos tecnológicos da SpaceX foi criar uma enorme máquina feita para automatizar o processo de soldagem das placas da fuselagem dos foguetes. Essa máquina solda através de um método chamado soldagem por fricção (friction stir welding), que se mostrou extremamente eficiente e confiável. Musk transferiu essa tecnologia da SpaceX para a Tesla, para que ela possa utilizar a soldagem por fricção para produzir carros mais leves, robustos e com redução de custos.

Essa técnica passou a ser cobiçada por outras empresas do setor aeroespacial, em especial a Blue Origin, do bilionário Jeff Bezos, também dono da Amazon. A Blue Origin está tão ávida por essa tecnologia que acabou criando um grande problema com a SpaceX pois, segundo a visão de Musk e de muitos na SpaceX, a Blue Origin está "roubando" funcionários que tenham conhecimentos relevantes na área de soldagem por fricção, oferecendo o dobro do salário. Isso gerou até mesmo uma desavença pessoal entre Musk e Bezos

Mas além da redução de custos com a fabricação interna de todos os componentes-chave dos foguetes, como já mencionei, o grande segredo para reduzir custos está em fazer naves reutilizáveis, mas não da mesma forma que acontecia, por exemplo, com o ônibus espacial americano. O programa do ônibus espacial americano, aposentado em 2011, também contava com naves reutilizáveis, e foguetes auxiliares, também reutilizáveis, mas eles formavam um conjunto muito caro e até mesmo a operação de resgate e reutilização dos foguetes auxiliares era dispendiosa.

Entretanto, para muitos especialistas do setor espacial, a tese de trabalhar com naves reutilizáveis não seria viável, poia com a fadiga de material e o tremendo estresse pelo qual os foguetes passam nas decolagens fariam com que a vida útil de uma nave reutilizável fosse muito pequena. Musk está provando a cada lançamento de seus foguetes da família Falcon que foguetes e naves reutilizáveis são viáveis em todos os sentidos.

Já com o primeiro foguete da SpaceX, o Falcon 1 e o seu gigante de carga o Falcon 9, os custos se mostraram uma fração dos praticados pelo mercado, mas com o novo foguete, o Starship, os custos serão ainda menores e esse passará a ser, pelo menos por alguns anos, o padrão de nave espacial do nosso planeta! Uma nave totalmente reutilizável, de baixo custo, alta tecnologia, sem partes "descartáveis" ou estágios.

O curioso é que Musk não quer baixar os custos dos lançamentos somente para se tornar cada vez mais competitivo e ganhar de sua concorrência. Ele quer e precisa dessa redução drástica no custo de cada lançamento, para que o seu sonho maior se torne realidade: a colonização de Marte. Somente com custos muito reduzidos em comparação ao que existe hoje, Musk poderá fazer centenas ou até milhares de lançamentos para levar material e abastecer a futura colônia em Marte. Como sempre, os sonhos são a principal força motora e motivação para Elon Musk.

Para o governo dos Estados Unidos, que se tornou cliente da SpaceX, o fato dela ser uma empresa estabelecida em solo americano e todas as partes de seus foguetes serem produzidas também nos Estados Unidos, é muito importante. Isso se dá pelo fato de que a NASA e o governo americano, desde fim do programa do Ônibus Espacial, estavam dependentes dos russos para levarem seus astronautas à Estação Espacial Internacional. Essa dependência acabou oficialmente quando a SpaceX conseguiu levar astronautas americanos para a Estação Espacial, pela primeira vez, à bordo de uma capsula Dragon.

Para a NASA, o fortalecimento consistente da SpaceX no lançamento de cargas e astronautas ao espaço está se tornando uma vantagem competitiva para a agência espacial. Nas próximas décadas a competição pelo mercado espacial, ponto estratégico para algumas das maiores potências econômicas do mundo, vai crescer muito. A China está nesse mercado e sua participação será cada vez maior e para o governo dos Estados Unidos, poder contar com toda a cadeia de produção da indústria espacial, em solo americano e com preço competitivo será uma grande vantagem em relação à China que também deverá conseguir reduzir os custos de lançamentos e expedições espaciais, especialmente pelo aumento na escala.

A Dragon, seu projeto e custos seguem à risca as premissas de Musk no que diz respeito a custos. O desenvolvimento dessa nave custou à SpaceX 300 milhões de dólares, o que significa uma fração de no máximo 30% do custo de projetos semelhantes feitos pela concorrência.

Quando o projeto da Dragon estava finalizado, em 2014, Elon Musk chamou a imprensa para o grande "lançamento" de sua nave espacial. Preparou uma festa na sede da SpaceX, seguindo o estilo dos grandes lançamentos de filmes em Hollywood.

Durante a recepção ele mostrou ao público presente que a Dragon não era apenas mais uma cápsula espacial (como se isso fosse algo comum), mas era fruto de um projeto que estava trazendo as viagens espaciais para o "futuro" do século XXI.

O design externo e o interior da cápsula, que mais parecia uma nave saída de um filme de ficção científica, deixaram as pessoas presentes e a imprensa "de boca aberta". Era mais um show de marketing e relações públicas de Musk e que se mostrou muito eficiente. A repercussão fora melhor do que o esperado.

Agora a SpaceX tem o governo americano como cliente "cativo", mas também já tem enviado ao espaço satélites para uso próprio, para empresas e outros governos. Atualmente a SpaceX tem feito cerca de 2 lançamentos por mês e sua lucratividade não para de subir, enquanto o mercado de lançamento de envio de carga para a órbita terrestre não para de crescer.

É um mercado bilionário, que já passa de 200 bilhões de dólares ao ano e a SpaceX está lutando para "morder" uma fatia cada vez maior desse setor.

Governos querem colocar em órbita satélites espiões, ou para fins estratégicos da economia de cada nação. Empresas privadas colocam satélites em órbita, para colher e avaliar dados de produção agrícola, clima, dados de mercado, mobilidade, telefonia, Internet, serviços de localização e mapeamento. Satélites para essas finalidades tinham custos proibitivos para a maioria das empresas privadas, independente de seus países de origem. Com a chegada da SpaceX, muitas empresas e até mesmo países com poucas riquezas passaram ou passarão a ter condições de enviar seus próprios satélites ao espaço. Isso vai democratizar o acesso a informações importantes. Os clientes potenciais para o envio de satélites ao espaço tende aumentar ainda mais nos próximos anos e Elon Musk conta com isso.

Com a redução gigantesca dos custos que Musk conseguiu no envio de carga e pessoas ao espaço, as metas de negócios da SpaceX não são nada modestas, aliás, não poderia ser diferente, pois essa é a postura básica de Musk.

A ideia é que a SpaceX domine o mercado de lançamentos comerciais em pouco tempo. Para quem "nasceu" no Vale do Silício, tempo é algo valiosíssimo. Nenhuma Startup do Vale quer esperar para ter lucros e lutam para crescer de maneira exponencial. Musk quer fazer rapidamente o que ninguém fez até hoje, aliás, ele já está fazendo há algum tempo e mesmo com os atrasos e problemas que ocorreram, seus resultados, comparados a qualquer coisa já realizada na conquista do espaço, são fantásticos. A SpaceX já fez mais de 100 lançamentos e já tem contratados mais algumas dezenas, o que vai render mais alguns bilhões de dólares á empresa.

Desde o fatídico ano de 2008 quando, depois de vários fracassos em lançamentos, o foguete Falcon 1 foi lançado com sucesso, a empresa se tornou lucrativa e seu valor de mercado subiu de maneira vertiginosa, o que fez com que Elon Musk, seu maior acionista, passasse a ocupar a posição de homem mais rico do mundo, segundo a revista Forbes.

No início de 2021, o valor de mercado da SpaceX chegou a algo em torno de 74 bilhões de dólares. Levando-se em consideração o investimento inicial e as subsequentes rodadas de investimentos feitos por Musk e pelos demais investidores de risco, a SpaceX pode ser considerado um dos maiores fenômenos em ganhos de capital.

## Envio de astronautas para a Lua em 2024

Um ambicioso projeto da NASA está em andamento e desde o seu início, a SpaceX estava em uma competição com duas outras empresas para viabilizar esse projeto da agência espacial americana. O projeto Artemis, como foi batizado pela NASA, pretende, nos próximos anos, enviar uma nave não tripulada á orbita lunar e trazê-la de volta.

Em uma segunda fase a nave será tripulada e irá novamente à órbita da lua e voltará, trazendo os astronautas em segurança. Em sua terceira etapa, prevista para acontecer em 2024, será enviada à lua uma nave tripulada que pousará no nosso satélite e, pela primeira vez em mais de 50 anos, seres humanos voltarão a caminha na Lua.

Esse projeto prevê que sejam enviadas com regularidade missões tripuladas á Lua, para que seja construída uma base permanente, que servirá de ponto de apoio para futuras viagens à Marte, idealizadas pela NASA.

A SpaceX estava concorrendo com a Blue Origin, do bilionário Jeff Bezos e com a Dynetics, para se tornar a empresa responsável em desenvolver e construir as naves espaciais necessárias para esse projeto. Em abril de 2021 foi anunciada a SpaceX como vencedora e, com isso, a empresa de Elon Musk receberá 2,89 bilhões de dólares para construir o módulo que levará os astronautas à Lua e, depois, decolará do nosso satélite natural e trará os astronautas de volta à Terra.

A ideia é que a NASA lance seu próprio foguete, com a nave Orion, que deverá ir até a órbita da Lua. Já em órbita, os astronautas deverão passar para um módulo que os levará à superfície lunar e, depois, decolará de volta à nave em órbita. O módulo de pouso será produzido pela SpaceX.

Pelo cronograma da NASA, com tudo dando certo, à partir de 2030 seria possível, utilizando-se a estrutura montada na Lua, enviar naves tripuladas a Marte. Esse cronograma, entretanto, é bem menos arrojado do que o do próprio Musk, que quer enviar a primeira nave tripulada à Marte em 2024, ou seja, mesmo ano em que a NASA deverá enviar seus astronautas à Lua.

## Projeto Starlink

Como sabemos, Musk nunca pensa pequeno e quando ele decidiu montar uma rede de satélites para oferecer Internet de alta velocidade em todo o planeta, não poderia ser diferente.

O projeto Starlink é ambicioso e promete revolucionar a transmissão de sinais de Internet via satélite. Serão colocados em órbita cerca de 12.000 satélites, dos quais já estão funcionando cerca de 1500. Esse número de 12.000 satélites é o que a SpaceX conseguiu obter autorização, mas Musk pretende colocar em órbita um total de 42.000 satélites. Em 2021 a SpaceX promete lançar 60 novos satélites a cada voo de carga do foguete Falcon9, que estão ocorrendo a cada duas semanas. Para se ter uma ideia do que isso representa em comparação com o número de satélites atualmente em órbita, se desconsiderarmos os satélites da Starlink, temos cerca de 2.600 satélites funcionais na órbita terrestre.

Além do espantoso número de satélites da Starlink, Musk pretende ganhar da concorrência no custo e na qualidade do serviço oferecido.

Em primeiro lugar, boa parte dos satélites ficarão em uma órbita bem mais baixa do que os satélites dos concorrentes. Isso fará com que o tempo de resposta ou latência, que é o tempo que os dados levam para viajar do satélite até o receptor em terra e vice-versa, seja bem menor.

Nas conexões atualmente disponíveis no mercado de Internet via satélite, esse tempo torna ruim o desempenho em jogos online e videoconferências. Já com os satélites da Starlink, esses problemas deverão ser resolvidos. Devido à órbita mais baixa dos satélites, esse tempo será reduzido consideravelmente, fazendo com que jogos e videochamadas tenham boa qualidade. A velocidade da conexão também será muito boa, compatível com uma banda larga normal.

O projeto, como todos os outros ligados à SpaceX parte da premissa que a empresá produza seus satélites com baixo custo, em comparação à concorrência. Dominando toda a cadeia de lançamento e da fabricação de satélites, em grande escala, os custos ficaram tremendamente reduzidos. Da mesma forma que no projeto dos foguetes da SpaceX, os satélites da Starlink tem seus principais componentes produzidos pela própria SpaceX.

Esse formato de verticalização da produção é um dos grandes trunfos na produção massiva de satélites, o que também permite à SpaceX produzir satélites para empresas e países com um custo bastante reduzido.

## Colonização de Marte

O maior sonho de Elon Musk é criar uma colônia humana autossustentável em Marte. Esse sonho precisou ser "fatiado" para que venha a se tornar realidade e, segundo os planos de Musk e da Space X, será em um futuro muito próximo, em 2024, quando a primeira viagem tripulada à Marte deverá ser feita.

O primeiro desafio é conseguir chegar até o planeta vermelho. Mesmo com a tecnologia da guerra fria, seria possível levar seres humanos a Marte, mas seria muito perigoso e extremamente caro. E foi nesse ponto, o custo, que o grande empreendedor Elon Musk focou seus esforços. Não seria viável mandar milhares de pessoas para Marte se o custo for proibitivo, aliás, Musk tem como objetivo criar uma colônia com cerca de um milhão de pessoas no planeta vermelho.

Para criar uma colônia tão grande em Marte será necessário levar, além das pessoas, um volume gigantesco de equipamentos e matérias primas. Para que isso seja economicamente viável, Musk passou a coordenar o projeto de desenvolvimento de um foguete gigantesco, totalmente reutilizável e que fosse capaz de fazem muitas viagens com carga e passageiros. Desse conceito surgiu o gigante Starship, um foguete de 120 metros de altura com capacidade de transportar até 100 toneladas de carga e passageiros até a órbita terrestre. Já em órbita ele será reabastecido para conseguir alcançar Marte.

Esse foguete, como os demais já desenvolvidos e sendo utilizados pela Space X, estão sendo produzidos em série na fábrica da SpaceX, na Califórnia. A produção em série e foguetes reutilizáveis são os conceitos básicos para a redução de custos de produção da fábrica.

O que impressiona na fábrica da SpaceX é a grandiosidade. Ao contrário da produção "artesanal" de foguetes da NASA, a empresa de Elon Musk é uma linha de montagem gigantesca, de foguetes!

Para a colonização de Marte, Musk sabe que será necessária a criação de uma rota regular de foguetes entre a Terra e o planeta vermelho. Pelo tamanho da colônia e a grandiosidade do projeto, será necessária a construção de uma verdadeira frota de foguetes Starship e a linha de produção que existe hoje, que já é impressionante, certamente será ampliada.

A viabilidade econômica desse projeto é o ponto central além, claro, da viabilidade tecnológica. Se o custo de levar cada um dos futuros colonos for inviável, nada fará com que o projeto se concretize. Segundo a visão de Musk, as pessoas que se mudarem para Marte deverão ser como os primeiros colonos que deixaram suas vidas na Europa para tentar a sorte na América. Os colonos que irão a Marte, deverão estar dispostos a vender tudo que tem e se mudar para o planeta vermelho, pelo espírito de aventura, ideal ou seja qual for o motivo pessoal.

Esses colonos deverão estar dispostos a, em princípio, nunca mais voltar a morar na Terra, pois irão construir suas vidas em Marte, com suas famílias, empregos e tudo que colonos já fizeram na história do mundo. É claro que a colonização de Marte, em termos de complexidade tecnológica e no que diz respeito à hostilidade ambiental que outro planeta apresenta para humanos, em nada se compara a qualquer empreitada de colonização na história da humanidade, entretanto, o espírito dos viajantes deverá ter muita semelhança ao dos colonos de diversas partes do mundo, quando novos lugares e regiões do planeta foram descobertas e colonizadas.

O fato é que a complexidade e os custos envolvidos nesse projeto são inimagináveis e Musk tem um caminho longo a trilhar para coloca-lo em prática. Entretanto, em termos de Elon Musk, projetos que deveriam levar uma vida para serem colocados em prática precisam ser viabilizados em pouquíssimo tempo. Até o momento, as expectativas do início das missões para Marte, segundo a SpaceX, está previsto para 2024, quando a empresa de Musk deverá enviar seu primeiro foguete não tripulado, para levar carga ao planeta vermelho.

Apesar de ter conseguido colocar em prática, em tempo recorde, os planos ambiciosos de suas duas maiores empresas, a SpaceX e a Tesla, a colonização de Marte é algo de uma magnitude inédita na história da humanidade. Isso faz com que o projeto seja visto, por governos, parte da mídia internacional e por parte da comunidade científica, com ceticismo ou até mesmo como um delírio de um jovem bilionário. Pode até ser verdade, mas apenas o futuro (próximo) irá nos dizer.

Musk já divulgou que quer ter um milhão de pessoas morando em Marte até 2050 e que, para isso, pretende construir 1000 naves Starship, para levar colonos e carga. Tudo é superlativo nesse projeto e, não é sem razão que muitos pessoas não levam muito a sério as metas que Musk deseja atingir com esse projeto. Mas em se tratando de Musk ou "Tony Stark", nada é impossível!

Apenas a construção das naves (que não pode ser mencionada como "apenas", por se tratar de um trabalho hercúleo!), pelos padrões atuais de construção de foguetes e levando-se em conta o número de foguetes produzido nos dias de hoje, já seria algo impossível de ser realizado para que a colônia marciana esteja pronta e povoada em 2050. Mas a meta de Musk, que deverá ser implantada assim que a Starship estiver 100% aprovada para o trabalho no espaço, será construir em sua enorme linha de montagem, 100 naves por ano, por 10 anos.

Para conseguir enviar à Marte tamanho número de colonos e de carga, Musk pretende chegar ao inacreditável número de três lançamentos por dia! Seria quase uma "ponte espacial", uma rota espacial comercial altamente movimentada. Entretanto, existem problemas de ordem "astronômica", como a distância dos dois planetas variar muito. Terra e Marte só se posicionam no sistema solar de maneira a ficarem bem mais próximos apenas uma vez a cada 26 meses, e essa "janela de lançamento" dura apenas um mês. Ou seja, para que a viagem entre os dois planetas seja mais rápida e mais barata, devido ao consumo de combustível e de mantimentos, Musk só poderia enviar suas Starships nessas épocas. Mesmo assim, ele já vislumbra alternativas para isso e em alguns anos saberemos se os planos da SpaceX e Musk terão, pelo menos, dado os primeiros passos concretos, com o envio de algumas naves.

A ideia de Musk, informação que ele compartilhou na sua conta do Twitter, é lançar toda sua frota de 1000 Starships a cada 26 meses. Ou seja, ele faria os lançamentos, todas as naves ficariam em órbita e assim que a janela for aberta e a distância entre os planetas a menor possível, as 1000 naves fariam uma espécie de "comboio" em direção a Marte, assim como os pioneiros dos Estados Unidos viajavam em enormes comboios rumo à conquista do Oeste. Musk citou também a série "Battlestar Galactica" ou em que humanos viajavam pelo espaço em um enorme comboio de naves, em direção a um novo planeta (que na história era a nossa Terra!).

Duvidar de Musk nessa empreitada é, na verdade, duvidar do maior potencial criativo e empreendedor do ser humano nos dias de hoje. Muitos alegam que um projeto como esse só poderia ser executado pelo governo dos Estados Unidos, a maior potência econômica e espacial do planeta e, talvez, ainda fosse necessária a ajuda e cooperação de outros países, como Rússia, China, Japão, além da Comunidade Europeia.

Mas se lembrarmos do famoso discurso do presidente John Kennedy em 1962, naquele dia 12 de setembro ele impôs a si mesmo, à NASA e a todas as agências governamentais ligadas à exploração espacial um desafio que parecia impossível para a mídia, para cientistas e para o público em geral. Até o final da década de 1960, os Estados Unidos deveriam enviar astronautas à Lua e traze-los de volta em segurança. Ele disse "Nós escolhemos ir para a Lua nesta década e fazer outras coisas, não porque elas são fáceis, mas porque são difíceis".

Esse discurso foi o ponto de partida para o programa Apollo, que levou os três primeiros astronautas a pousarem na Lua em 20 de julho de 1969, antes do final da década, como havia previsto o presidente Kennedy. Neill Armstrong, primeiro ser humano a pisar em solo lunar disse a frase que faz parte da história: "Um pequeno passo para um homem mas um salto gigante para a humanidade". E o próximo grande passo para a humanidade certamente será quando a Starship pousar em solo marciano e o primeiro ser humano possa caminhar em Marte.

De certa forma, Musk se lançou em uma aventura semelhante, mas muito mais ambiciosa do que o governo americano fez na década de 1960. Apesar do ceticismo de muitos em relação à possibilidade real desse projeto se realizar em tão pouco tempo, posso dizer que a pessoa que está por trás desse empreendimento já se mostrou capaz de transformar em realidade, do nada e em pouco tempo, a maior indústria espacial do mundo nos dias de hoje. Entretanto, ainda existem empecilhos técnicos e financeiros que podem ser solucionados. Musk colocará a prova, aliás, já está colocando a prova sua capacidade criativa e de gestão, para fazer com que o projeto de sua vida se torne realidade e que ele seja capaz de mudar os rumos da humanidade para sempre.

## Colônia sustentável

A sustentabilidade da futura colônia idealizada por Elon Musk é um fator decisivo para que todo o projeto funcione. Tudo que for necessário precisará ser produzido em Marte, como alimentos, vestuário, peças de reposição, ou seja: a colônia não poderá depender da Terra para nada. Isso é vital, pois a grande distância inviabiliza completamente qualquer dependência da Terra. A colônia poderá depender de algumas coisas da Terra, mas nada poderá ser obtido, enviado ou recebido rapidamente.

Para que tudo funcione completamente independente da terra, será necessária a construção de estufas gigantes, indústrias, laboratórios e tudo que for preciso para que a vida dos colonos tenha tudo, inclusive conforto.

Elon Musk tem declarado até mesmo sua preocupação com a parte legal de ter uma colônia no planeta vermelho. Pode parecer bobagem, mas para quem quer tornar possível a maior aventura da humanidade ainda neste século, pensar em todos os detalhes pode ser vital.

A pergunta que Musk provavelmente se fez e está trabalhando para ter uma boa resposta é: quais leis devem ser aplicadas ao governo e ao futuro povo da colônia marciana? Em princípio, Musk já disse e registrou em documentos que colônias em Marte não estariam sujeitas à legislação de qualquer país da Terra. Dessa forma ele poderá criar seu próprio conjunto de leis e regras, para orientar a vida dos futuros moradores de sua colônia.

Segundo matéria publicada na Revista Exame, nos termos de serviço da Starlink, serviço de banda larga com satélites da SpaceX, há a menção de que as leis do nosso planeta não teriam efeito em Marte e que a companhia de Musk poderá impor suas leis, de maneira autônoma.

A colônia marciana precisará ter uma economia própria, gerando riquezas para que o empreendimento prospere. Para isso, terá que haver leis que regulamentem, também, o mercado financeiro local. Será como criar toda uma nova civilização, com novas leis, usos e costumes.

# 4

# As naves espaciais da SpaceX

A SpaceX tem em linha de produção quatro tipos principais de veículos espaciais. Cada um deles foi criado tendo utilizações específicas e sua produção tem como objetivo redução dos custos das viagens espaciais através do conceito de espaçonaves reutilizáveis.

Podemos ter uma ideia do que isso significa se compararmos o transporte de pessoas e cargas para o espaço com o transporte aéreo regular. Imagine quanto poderia custar uma passagem aérea normal se a cada viagem as companhias aéreas tivessem que, literalmente, jogar fora seus aviões. Uma viagem para cada avião e só! Os preços das passagens se tornariam totalmente inviáveis e é isso que torna vital que os veículos espaciais sejam reutilizáveis, pois a exploração comercial do espaço se tornaria totalmente impraticável, pelo menos na escala em que Elon Musk pretende implementar.

Os principais veículos espaciais, atualmente em produção pela SpaceX, são os seguintes:

## Falcon 9

O Falcon 9 é um foguete de dois estágios, parcialmente reutilizável, criado para o transporte de carga e pessoas para a órbita terrestre e até para destinos mais distantes. O primeiro estágio, o maior, depois de ser desconectado do segundo estágio, retorna à Terra e pousa verticalmente, com o auxílio de retropopulsores.

As partes reutilizáveis do foguete são as mais caras e, com isso, seu custo por voo é muito reduzido em relação aos foguetes tradicionais.

Já fez mais de uma centena de viagens ao espaço e se tornou o mais confiável foguete no mercado atual. Tem uma altura de 70 metros e sua capacidade máxima de carga é de 22.800kg.

Falcon 9 na torre de lançamento

## Falcon Heavy

O Falcon Heavy é um dos mais poderosos foguetes do mundo, capaz de levar ao espaço cerca de 64 toneladas de carga, o dobro do foguete com capacidade mais próxima ao dele. Com 70 metros de altura, sua impressionante força de propulsão equivale ao poder das turbinas de dezoito Boings 747.

Falcon Heavy - utilizado para envio de cargas pesadas ao espaço

## Dragon

A Dragon é um veículo espacial com capacidade para levar 7 passageiros até a órbita terrestre e até mesmo à destinos mais distantes.

Ela tem a maior capacidade de trazer carga para a Terra, se comparada à outras cápsulas convencionais. Foi a primeira nave privada a levar astronautas até a Estação Espacial Internacional (ISS).

Consegue levar seis toneladas de carga e passageiros para a Estação Espacial Internacional e três toneladas de capacidade para trazer carga de volta à Terra. A Dragon tem 8,1 metros de altura e 4 metros de diâmetro. Para se ter uma ideia, a cápsula Apollo, que levou todos os astronautas à Lua, tinha 3 metros de altura por 3 metros de diâmetro.

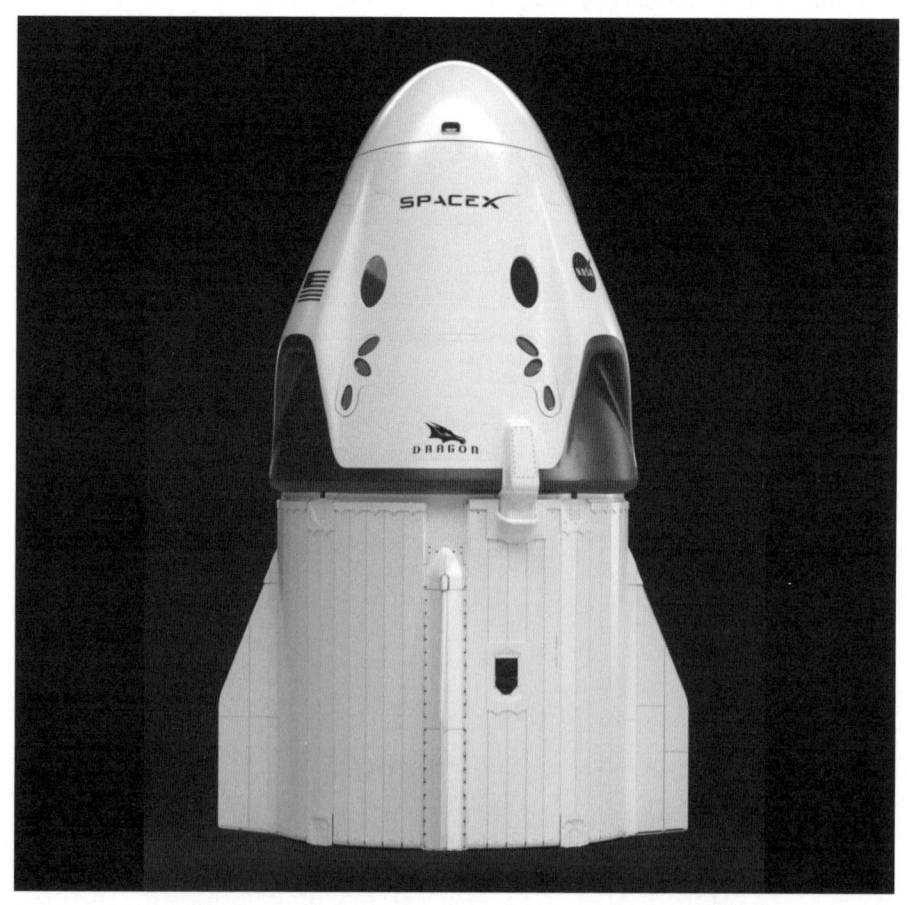

Dragon – a cápsula espacial mais moderna, com tecnologia do século XXI

Seu interior também é revolucionário pois todos os seus painéis de controle são basicamente telas *touch screen*.

Os engenheiros da SpaceX partiram da cápsula do projeto Appolo, do foguete Saturno 5 e tiveram o trabalho de criar algo que fosse realmente do século XXI.

A cápsula Dragon levou quatro anos para ser projetada, um recorde em se tratando da indústria aeroespacial. Para se ter uma ideia, o projeto do Ônibus Espacial (*Space Shuttle*), levou mais de 10 anos, desde o início, até o primeiro voo.

Com uma área maior, sem os enormes computadores de bordo, que tinham apenas uma pequena fração da capacidade de processamento de um bom celular dos dias de hoje, foi possível projetar uma nave com capacidade para sete astronautas e com tecnologia de dados e navegação incomparável ao que existe no mercado (praticamente tudo com tecnologia adaptada dos anos 1960). Os astronautas que viajam à bordo da Dragon, vão ao espaço com conforto e tecnologia.

A Dragon protagonizou mais um dos grandes feitos da SpaceX, pois com ela e seus astronautas, a empresa de Elon Musk se tornou a primeira empresa privada a enviar uma nave à Estação Espacial Internacional e em 2020 também se tornou a primeira empresa privada a enviar astronautas à Estação Espacial Internacional (ISS).

A Boing, concorrente da SpaceX para levar astronautas e carga à Estação Espacial, mesmo com toda a estrutura de uma gigante que opera nesse mercado há décadas, não conseguiu superar a velocidade com a qual a SpaceX desenvolveu a Dragon e a enviou em segurança à Estação Espacial.

## Starship

O veículo espacial ou foguete Starship é o ponto alto da tecnologia desenvolvida pela SpaceX. É um gigante de 120 metros de altura (o equivalente a um prédio de 40 andares) e 9 metros de diâmetro. É um foguete totalmente reutilizável. Foi criado para levar carga e pessoas à órbita terrestre, à Lua, Marte e além.

Ele pode ser reabastecido em órbita, para que tenha a autonomia necessária para chegar a destinos mais distantes. Seu desenvolvimento visa tornar viável a colonização de Marte.

Sem um veículo espacial como esse, a colonização de Marte, na escala pretendida, ou seja, uma colônia com até um milhão de habitantes, se tronaria impossível. Na verdade, será necessária a produção de uma verdadeira frota deste foguete, para que viagens em série ao planeta vermelho tornem possível a criação de uma colônia permanente em Marte. Sua capacidade é gigante, conseguindo levar até 100 toneladas de carga e passageiros.

Starship – o veículo espacial mais avançado já concebido

É um foguete totalmente revolucionário, pois é reutilizável, decola sem a necessidade de uma plataforma de lançamentos e é capaz de pousar na posição vertical, com a ajuda de retrofoguetes. Além disso, o combustível dessa nave é totalmente diferente dos foguetes convencionais. Usa uma mistura à base de metano. Esse tipo de combustível é vital para o sucesso das viagens para Marte e sua colonização, pois poderá ser produzido no planeta vermelho, para que as missões da Starship possam ser devidamente abastecidas para sua volta à Terra.

Quando a Starship estiver totalmente operacional, após o sucesso na fase de testes, ela deverá substituir a cápsula Dragon e os foguetes Falcon. A Starship se tornará o padrão de neve espacial e poderá ser utilizada para todos os tipos de missões.

Até o final de março de 2021, a SpaceX havia feito 4 testes de voo com protótipos da Starship. Como era sabido pelos engenheiros da empresa, o ponto nevrálgico dos testes seria o pouso. A SpaceX já tem grande *know how* em lançar foguetes ao espaço, mas o pouso vertical de uma espaçonave do tamanho da Starship é algo realmente inédito e é exatamente neste ponto que reside a maior dificuldade dos engenheiros.

Os últimos testes de voo tiveram decolagens perfeitas, mas os protótipos acabaram explodindo no momento do pouso. Como em todas as fases da conquista do espaço e da corrida espacial dos anos 50, 60 e 70 do Século XX, as falhas acabam sendo muito importantes para as correções de rumo e para tornar viável projetos tão grandiosos quanto a Starship.

As conquistas da SpaceX, sob o comando de Elon Musk, até hoje, foram impressionantes, tanto no desenvolvimento de novas tecnologias para voos espaciais, quanto na redução de custos em comparação aos concorrentes. O projeto Starship e sua execução, mesmo com as falhas acontecidas até agora, já está em um estágio de desenvolvimento muito mais adiantado, se comparado aos grandes projetos da NASA, no passado.

## Os trajes espaciais da SpaceX

Desde o início dos anos 1960 os trajes espaciais não evoluíram muito. Com pequenos aperfeiçoamentos aqui e ali, eles foram sendo adaptados para as mais diferentes missões espaciais. Até nisso Elon Musk fez questão de criar algo novo!

Os trajes especiais criados totalmente pela equipe da SpaceX e, como quase tudo em suas naves, é fabricado no prédio da empresa.

O *design* desses trajes e sua funcionalidade foram cuidadosamente pensados e, claro, sobre a estrita supervisão de Musk. Além de um design inovador, os trajes são mais leves, confortáveis e foram criados para, praticamente, fazer parte do assento de cada astronauta. A roupa é conectada por um cabo à cadeira do tripulante. Por aquele cabo o astronauta passa a ter acesso à eletricidade, conectividade com os sistemas da nave, oxigênio e tudo que é necessário para a funcionalidade e conforto de cada tripulante.

Os trajes espaciais da SpaceX lembram os utilizados em filmes de ficção científica, como 2001 – uma odisseia no espaço

# 5

# Tesla – Revolucionando o mercado automobilístico

A Tesla foi fundada em 2003 por Martin Eberhard e Mark Tarpenning e, no ano seguinte, Elon Musk se juntou a eles aportando 6,5 milhões de dólares e tornando-se o CEO da empresa. A empresa tinha, desde o início, a proposta de produzir carros elétricos, eficientes e com custo acessível para a classe média americana. Com a entrada de Musk na operação da empresa, os negócios "deslancharam" bem mais rapidamente (apesar de muitos percalços pelo caminho!).

Da mesma forma que a Apple tinha em Steve Jobs um CEO capaz de encantar o público e ter ideias criativas para produtos e Marketing, a Tesla tem em Elon Musk, seu principal ativo de Marketing.

As ações de Marketing são um grande diferencial competitivo da Tesla. A mais incrível foi a super criativa (e cara!) ideia de lançar ao espaço, levado por um foguete da SpaceX, um carro da Tesla, com um boneco vestido de astronauta no banco do motorista. O veículo foi lançado em direção ao espaço aberto e foi um marco no Marketing da Tesla.

Um dos principais diferenciais competitivos da montadora de Musk é que ela faz suas vendas diretamente pelo seu site, ou seja, você pode comprar pela Internet e receber o seu automóvel Tesla em casa!

Como o conceito de carros elétrico é relativamente novo, em um mundo onde todos os automóveis funcionavam graças a motores de combustão, Musk viu a necessidade de criar uma verdadeira rede mundial de recarga para veículos elétricos. A Tesla investiu e continua investindo pesado em estações de recarga, que podem ser encontradas nas principais estradas, não só nos Estados Unidos, mas em diversos países da Europa e também na Ásia.

Essas estações de recarga funcionam com energia solar, ou seja, toda a energia do carro passa a ser limpa, não só pelo fato do carro ser elétrico, mas pela forma como a eletricidade foi gerada para abastecer o carro. É o melhor dos mundos para o meio ambiente! Essas estações de recarga podem abastecer um automóvel em cerca de 20 minutos, dando-lhe autonomia para continuar viagens de centenas de quilômetros.

## Como Elon Musk entrou no mercado de automóveis elétricos

Musk já pensava, há anos, em como seria bom se os carros movidos a combustão deixassem de existir, dando lugar aos carros elétricos. Mas ele sabia que o maior problema desse tipo de carro eram as baterias. Até então, baterias capazes de fazer um automóvel andar com desempenho razoável, não duravam. Não adiantava existirem automóveis bonitos, confortáveis, de bom desempenho, mas que precisassem ter suas baterias carregadas a cada 100 km rodados!

Foi então, no outono de 2003, que Elon conheceu J.B. Straubel, um jovem de 28 anos (na época, Musk tinha 32), formado na famosa Universidade de Stanford, que tinha a ideia "maluca" de construir carros elétricos, usando baterias de íons de Lítio, as mesmas utilizadas em aparelhos eletrônicos, como notebooks. Straubel estava há algum tempo tentando encontrar investidores para a sua empreitada elétrica, mas não havia obtido resultados, até aquele momento.

Musk ficou impressionado em saber como a tecnologia das baterias de Lítio havia evoluído nos últimos anos e ficou empolgado com o projeto de

Straubel. O Jovem precisava de um investimento inicial de 100 mil dólares. Musk disse que daria, inicialmente, 10 mil dólares. Com isso Straubel deu continuidade ao seu projeto de criar "pacotes de baterias de Lítio" que fossem capazes de fornecer energia suficiente para um carro elétrico ter alto desempenho e grande autonomia.

Paralelamente a isso, dois empreendedores do Vale do Sílicio, que haviam enriquecido com a criação e venda de uma empresa de leitores eletrônicos de livros, estavam "correndo por fora" e fazendo de tudo para "colocar em pé" um projeto de construir uma fábrica de automóveis elétricos. Marc Tarppening e Martin Eberhard, que também era engenheiro, fizeram um primeiro investimento de 500 mil dólares e criaram a Tesla Motors, mas estavam procurando um investidor para que o primeiro protótipo pudesse ser construído.

A ideia deles era construir um carro elétrico de luxo, de alto desempenho. Acreditavam que os ricos que queriam mostrar engajamento na causa do meio ambiente ou que simplesmente quisessem algo diferente, pagariam o que fosse para ter um carro elétrico como o que eles planejavam construir. Para investidor, um dos nomes que eles sempre cogitaram era Elon Musk.

Quando eles finalmente tiveram acesso a Musk, o negócio foi rapidamente fechado. Musk investiu, inicialmente, 6,5 milhões de dólares, tornando-se imediatamente o presidente da Tesla Motors. Depois que o negócio foi concretizado, Musk conversou com Straubel, que passou a fazer parte do negócio. A equipe principal estava formada, sob o comando de Elon Musk!

Anos depois, Martin Eberhard e Musk se desentenderam e as brigas evoluíram para uma disputa na qual Eberhard queria mostrar que Musk não fora realmente um co-fundador da empresa e que ele tentaria tirar vantagem de ima imagem que não condizia com a verdade.

Musk realmente não ajudou a fundar a empresa, mas sem a sua entrada no negócio, pouco tempo depois da criação da Tesla, ou a empresa teria fechado as portas em pouco tempo, ou não teria alcançado o sucesso "astronômico" que alcançou e, especialmente, não teria o futuro brilhante que parece estar no seu caminho. Isso é algo que até mesmo Marc

Tarpenning, que fundou a empresa com Eberhard, admite: a Tesla nunca teria chegado aonde chegou, sem o investimento, o Marketing agressivo e a gestão de Musk.

Como tudo que era feito no Vale do Silício, a Tesla não tinha nenhuma ligação ou vício relativo ao mercado de automóveis tradicional dos estados Unidos. Eles não pretendiam adotar nenhum tipo de formato de trabalho, metodologia ou até pessoal vindo do mercado automotivo.

Tudo começou com um bando de jovens, formados nas melhores universidades dos Estados Unidos, que começaram a fábrica do zero, desenvolvendo métodos e meios de produção, na base da tentativa e erro. Esse tipo de administração pode ser muito contestada, mas tem suas vantagens. Muitos dizem que a experiência dos outros sempre custa menos mas, por outro lado, tentar replicar o que outros fizeram, mesmo com sucesso, nem sempre funciona e, certamente, não alcançará resultados muito melhores, na melhor das hipóteses.

Apesar disso, começando do zero e tentando criar tudo novo, de uma maneira nunca antes feita, pode demorar mais e levar a muitas tentativas e erros. Mas errar muito não está na lista das atividades preferidas de Elon Musk. Ele sabe, como todos os bons empreendedores, que não é possível acertar sem errar antes. O importante é que, no final das contas, você tenha acertado mais do que errou! E assim foi com a Tesla e sua equipe de jovens comandada por Musk, que queriam realmente mudar o mundo e livrar os Estados Unidos (e o mundo) do seu "vício" em petróleo.

Até aquele momento, a Tesla não tinha praticamente nada de concreto, apenas pessoas com expertise para desenvolver um carro elétrico com baterias mais eficientes, dinheiro para montar um protótipo convincente e muita força de vontade! O protótipo precisava ser um carro completo, como se tivesse saído da linha de montagem, pronto para ser vendido a um cliente. Esse carro seria a ponte ou o trampolim que a Tesla precisaria para conseguir mais investimentos, dessa vez, para construir uma fábrica eficiente e pronta para colocar muitos carros à venda no mercado.

Para montar o protótipo, os engenheiros da Tesla (que aumentavam de número a cada mês) acreditavam que não teriam maiores problemas, pois poderiam comprar no mercado as peças principais do carro, como um motor elétrico, chassi e terceirizando a produção das partes exclusivas do carro, o que poderia ser feito nos Estados Unidos ou na Ásia.

O trabalho que eles consideravam como fator crítico para o sucesso do protótipo da própria Tesla era o pacote de baterias, pois esse seria o grande diferencial da fábrica. Por esse motivo Straubel tornou-se peça-chave da empresa.

Com todos os esforços feitos, em 2005 a Tesla pode apresentar um carro realmente novo, diferente de tudo que existia no mercado. O protótipo, chamado Roadster, agradou tanto a Musk que, pouco tempo depois, quando houve mais uma rodada de investimentos na empresa, Musk investiu 9 milhões de dólares, do total de 13 milhões de novos investimentos. Com esse novo investimento e um protótipo que agradou aos investidores, a Tesla planejou colocar o Roadster no mercado, no ano seguinte, 2006.

Pouco tempo depois, um segundo protótipo foi feito e a tecnologia de baterias de Lítio foi melhorada. Com esses avanços, a Tesla começava a ganhar força e a confiança de seus investidores, que aguardavam ansiosamente pelo início da produção em massa e as vendas. Musk estava muito empolgado com esses avanços e as perspectivas da empresa mas, principalmente, porque ele estava vendo mais um sonho começar a se transformar em realidade: fabricar carros elétricos de qualidade que passariam a substituir os carros movidos com motores alimentados a gasolina! E ele sabia que esse era apenas o primeiro passo para livrar o mundo da "praga" dos automóveis, que poluem e ajudam a acabar com o equilíbrio do meio ambiente.

Em 2006, quando a empresa já havia crescido e contava com mais de 100 funcionários, foram apresentados ao público de um evento na Califórnia dois novos protótipos, que encantaram tanto ao público quanto aos investidores. Eram dois carros da linha Roadster, totalmente funcionais, que faziam de 0 a 100 em 4 segundos e tinham autonomia de pouco mais de 400km, sem a necessidade de recarga. Isso era totalmente revolucionário!

Nessa época, Musk injetou mais 12 milhões de dólares na Tesla, assim como investidores de peso no mercado de investimentos de risco, como J.P. Morgan e os bilionários fundadores do Google, Larry Page e Sergey Brin. Essa rodada de investimentos rendeu o total de 40 milhões de dólares aos cofres da Tesla e possibilitou mais um grande passo na direção da produção em escala, o que aconteceu, devido a muitos atrasos, somente em 2008.

Um fator que sempre foi muito valorizado por Elon Musk nos projetos dos carros da Tesla foi o *design*. Ele sabia que se seus carros tivessem um *design* que não os diferenciasse do que havia no mercado, ficaria mais complicado para deslanchar as vendas. Por essa razão, Musk participava ativamente de muitas reuniões que tinham como objetivo definir as diretrizes ligadas ao *design* dos carros. Foram contratados *designers* e alguns modelos foram criados, até que o *design* final escolhido.

Musk sempre acreditou que a forma de trabalhar do Vale do Silício é a mais inteligente e, com isso, sempre preferiu que tudo fosse desenvolvido praticamente do zero, o que é totalmente diferente do que empresas tradicionais fazem, e isso inclui as gigantes do mercado automotivo. Com isso, os engenheiros da Tesla acabavam trabalhando sempre com a dinâmica das empresas de tecnologia.

Durante a fase de testes do Roadster em pistas para avaliar e corrigir o desempenho dos carros em situações como pista molhada, gelo e neve, os engenheiros faziam as correções via mudança de códigos de programação diretamente nos sistemas dos carros, durante os testes. Isso é algo bem diferente do que as grandes montadoras fazem, pois elas só avaliam os resultados dos testes depois, discutem em intermináveis reuniões o que pode ser corrigido e como e, só depois, partem para as devidas correções que certamente levarão os carros para novos testes. Nada disso acontece na Tesla, pois a o conceito de trabalho é muito mais eficiente e focado na redução de tempo e custos.

Entretanto, no final de 2007, tudo parecia um caos na empresa. O início da produção estava muito atrasado, o Roadster apresentava problemas na carroceria, transmissão e até mesmo no pacote de baterias. E como pior pesadelo para Musk, os custos de produção estavam nas alturas, levando a crer que o carro não poderia ser construído a um custo razoável, que permitisse um preço de venda compatível com o produto e com a concorrência tradicional. Ou seja, no início de 2008, os engenheiros estavam praticamente fazendo tudo do zero, novamente! Só que agora, a pressão do tempo era enorme!

Para acalmar o mercado e investidores, Musk assumiu um papel muito mais ativo no Marketing e até mesmo no operacional da Tesla. Ele começou a dar entrevistas, minimizando os problemas da empresa e garantindo que logo o Roadster estaria no mercado. Nessas entrevistas ele enfatizava todos os aspectos revolucionários do primeiro modelo da Tesla e como o seu lançamento no mercado seria uma quebra de paradigmas e um verdadeiro início para um futuro mais limpo e sustentável para o planeta.

Paralelamente, ele passou a acompanhar bem mais de perto as operações da empresa que estivessem ligadas à produção do carro. Ele queria "desemperrar" a produção e fazer com que os carros começassem a sair da linha de montagem! Ele fazia coisas como viajar para a Europa para pegar ferramentas específicas e leva-las pessoalmente para a fábrica, apenas para ter certeza de que isso não causaria mais atrasos ao início da produção. Esse era o Musk que levantou a SpaceX do nada e a transformou no gigante da indústria espacial mundial. Se ele fez com a SpaceX, certamente poderia fazê-lo também com a Tesla.

Mas Musk ainda tinha que lidar com um problema muito grande e que poderia custar mais do que ele já havia investido na Tesla: ele ainda não tinha uma grande fábrica, capaz de produzir os carros em grande escala, de forma a viabilizar a empresa. Ele nem tinha ainda o capital necessário para isso e, ainda, montar uma fábrica "do zero" poderia demorar muito e atrasar ainda mais o já atrasado cronograma de lançamentos da Tesla. Depois de conseguir do Governo Americano um vultoso empréstimo de 465 milhões de dólares, Musk se pois a procurar locais viáveis para a construção de uma fábrica mas, apesar de ter muito capital disponível, o custo para montar uma fábrica superava a disponibilidade da empresa. Foi quando surgiu a ideia de tentar conseguir comprar uma fábrica já montada, o que seria ainda mais difícil.

Foi nessa época, no primeiro semestre de 2010, que surgiu a oportunidade de ouro para a Tesla. Uma fábrica de automóveis em Freemont, na Califórnia, construída pela Toyota em parceria com a General Motors, estava para ser desativada, devido ao fim da parceria dessas duas empresas e o desinteresse da Toyota em continuar produzindo seus carros naquela fábrica.

Foi então que Musk, em uma negociação brilhante, conseguiu comprar a fábrica por um valor muito abaixo do valor de mercado (pagou 42 milhões de dólares em uma fábrica que poderia valer até 1 bilhão) e ainda a Toyota investiu 50 milhões de dólares na fábrica. Em contrapartida a montadora japonesa ficou com uma participação de 2,5% na Tesla. Essa operação foi capaz de viabilizar, rapidamente, a produção dos carros da empresa e ainda baixar custos. Boa parte dos funcionários da Toyota que seriam ou haviam sido demitidos retornaram aos seus postos, agora trabalhando para a Tesla e Elon Musk.

Com a nova fábrica, a produção dos carros que era "quase artesanal", ganhou corpo de grande montadora e a capacidade de produzir em escala colocou a Tesla em condições de entrar no mercado, definitivamente, e pela porta da frente!

O novo patamar onde a Tesla se encontrava, agora com uma capacidade de produção comparável às grandes montadoras fez com que Musk desse andamento à abertura do capital da empresa e o planejamento de uma oferta pública inicial de capital, o IPO (em inglês, Inicial Public Offering).

Apesar de não gostar da ideia de abrir o capital da Tesla, Musk ainda precisava de muito dinheiro para continuar com seus planos. Sua intenção era conseguir 200 milhões de dólares. Ele não gostava da ideia por ser um CEO centralizador, avesso a dar grandes explicações sobre o estado real de suas empresas aos investidores. Ele é ótimo em Marketing e relacionamento com investidores, mas tem uma grande propensão a usar a estratégia de enaltecer pontos fortes e a relativizar os pontos fracos dos negócios. É uma ótima estratégia, mas que fica fragilizada quando se administra uma empresa de capital aberto, pois o CEO e a diretoria passam a ter a obrigação legal de abrir as contas da empresa aos acionistas.

Mesmo sendo uma empresa que operava no prejuízo há anos, o IPO conseguiu levantar 226 milhões de dólares, pois o mercado e os investidores acreditavam no grande potencial de produção e, principalmente, de vendas, graças ao caráter revolucionário da empresa e de Musk, que todos viam como um novo "Midas" do mercado automotivo, assim como Steve Jobs também conseguia "transformar em ouro" seus produtos revolucionários.

Anos depois da abertura do capital da Tesla, Musk chegou a divulgar um plano para fechar o capital da empresa, o que deixou o mercado muito agitado. Pouco tempo depois, ele abandonou a ideia.

## A grande virada: o Model S

Mesmo enquanto "amargava" muitos problemas, especialmente os atrasos constantes para colocar no mercado e entregar os primeiros Roadsters, Musk já estava fazendo a sua grande aposta: um segundo carro que seria totalmente desenvolvido pela Tesla, um carro que não só seria elétrico, com boa autonomia e performance, mas um carro para revolucionar a indústria automotiva. Como sempre, Musk não estava pensando pequeno, mesmo com todas as dificuldades que estava enfrentando, inclusive para fazer com que suas duas grandes empresas não fossem à falência.

O Roadster, apesar de revolucionário, foi concebido em cima de um chassi baseado em um carro existente, a Lotus Elise. Com isso, todo o projeto do Roadster teve que ser feito à partir desse chassi, o que limitou a criatividade e as opções dos engenheiros da Tesla. Com o Model S, tudo foi criado do zero, o que aumentava consideravelmente as opções.

O *design* do carro, uma das obsessões de Musk, deveria ser nada menos do que perfeito. Esse design foi criado por Franz von Holzhausen, projetista que fez parte do projeto de criação do New Beatle (o novo Fusca), da Volkswagen.

Musk e o time da Tesla acompanharam dia a dia a criação do design do Model S, até que este fosse aprovado.

Muitos problemas de engenharia precisavam ser resolvidos, como reduzir o peso do carro, pois o conjunto de baterias seria muito pesado e, para compensar, era preciso "aliviar" o peso de alguma forma. A escolha mais importante, feita por Musk, é que o carro precisava ser feito de alumínio, e não ferro, mesmo que as dificuldades técnicas para produzir as placas de alumínio para automóveis.

Já existiam alguns modelos europeus feitos de alumínio, o que mostrava que poderia ser feito. Mas as dificuldades para prensar as placas de alumínio para serem usadas em automóveis eram muito grandes, razão pela qual nenhum fabricante americano e raros europeus haviam se aventurado nessa empreitada.

Musk, de maneira simples e direta, concluiu que o projeto não seria viável sem que a carroceria fosse de alumínio. Seus engenheiros tentaram dissuadi-lo dessa ideia, sem resultados. Ele sabia que era possível e que seu time teria capacidade para resolver mais esse problema. E foi o que aconteceu.

Ele também insistiu em outros detalhes do carro, indo contra a recomendação da sua equipe, como a tela *touch screen*. Além do *feeling* de que seria um grande atrativo, ele queria ter esse equipamento no carro, porque ninguém mais tinha e seria uma evolução tecnológica "óbvia" para ele. No caso específico das telas *touch screen*, como não haviam fornecedores desse tipo para a indústria automobilística, Musk colocou sua equipe para contatar fabricantes de computadores e notebooks que pudessem desenvolver o que ele queria. O que ele não sabia é que precisariam ser desenvolvidas telas capazes de suportar o calor, trepidação e muitas outras condições que esses dispositivos encontrariam em um carro. Mas, como para tudo existe uma solução, a Tesla conseguiu e equipou o Model S com uma elegante tela de 17 polegadas!

Esse tipo de atitude, quando Musk decide implementar algo que ninguém já fez ou que seja muito difícil de fazer, para obter um produto final de alta qualidade é semelhante ao de Steve Jobs. Ficou famosa a reunião na Apple, quando Jobs decidiu colocar em prática o projeto de um telefone celular com apenas um botão frontal e com tela *touch screen* para fazer o restante. Parecia loucura, mas era apenas um gênio muito á frente de seu tempo, revolucionando um mercado já existente ou criando um mercado totalmente novo, como foi o caso do iPod ou do iPad. Podemos utilizar essa mesma definição para Musk, em muitas situações.

A carroceria de alumínio, além de ter deixado o carro leve e potencializado o seu desempenho, tanto na autonomia quanto na "arrancada" e velocidade final, também tornou o carro muito mais seguro, aliás, todo o conceito do Model S faz dele um dos carros mais seguros já construídos.

E a criação realmente foi brilhante. Um design "sexy", autonomia de 480 quilômetros com uma carga completa, uma arrancada impressionante, chegando de zero a quase 100km/h em apenas 4,2 segundos e isso para um carro grande, de luxo, que acomodava até sete passageiros.

O motor traseiro, de tamanho reduzido, comparável ao tamanho de uma melancia, praticamente não ocupando espaço, permitia que o Model

S tivesse um porta-malas traseiro, assim como um dianteiro, sob o capô, onde tradicionalmente fica o motor nos carros à combustão. O peso das baterias na área mais central do chassi proporciona equilíbrio, estabilidade e melhor dirigibilidade ao Model S, se comparado a sedãs tradicionais.

Tesla Model S

O interior, com uma grande tela *touch screen* de 17 polegadas que concentra quase todos os comandos do carro, além da central de mídia e entretenimento é algo totalmente diferente do que poderia ser encontrado nos carros de linha das grandes montadoras. Ele não deixa a desejar a nenhum sedã de luxo no mercado.

Os detalhes vão desde a forma como o carro é ligado (basta o peso do motorista no banco e o chaveiro do carro no bolso), até maçanetas retráteis, que "pulam para fora" apenas com a proximidade do motorista. Ou seja, finalmente Elon Musk conseguiu ter um carro elétrico que satisfazia a todas as suas exigências de *design*, luxo e desempenho, um produto pronto para ser produzido e mudar o mercado. E foi exatamente isso que aconteceu.

Com o lançamento do Model S em 2012, Musk quebrou muitos paradigmas, não só pelo carro em sí, mas por toda estrutura ligada ao marketing, vendas e assistência técnica. Finalmente a revolução elétrica havia chegado ao mercado automotivo.

O evento de lançamento, que aconteceu na fábrica de Freemont, foi criado para que os primeiros carros do Model S fossem entregues aos seus felizes proprietários, com a presença da imprensa. Naquele momento, tudo parecia se encaixar na vida empresarial de Elon Musk. Além da Tesla estar finalmente "deslanchando", a SpaceX havia conseguido uma façanha, poucos meses antes, quando conseguiu levar, pela primeira vez, carga para a Estação Espacial Internacional.

Tudo relacionado ao Model S era inovador. Para começar, as vendas não eram e não são realizadas em concessionárias, mas on-line, diretamente no site da Tesla. Você compra o carro e recebe em casa! Apesar disso, a Tesla abriu algumas lojas onde também efetua vendas, mas elas em nada se parecem com uma concessionária de automóveis. Essas lojas normalmente ficam em shopping centers de alto nível e mais parecem as lojas conceito da Apple.

Como ponto de Marketing adicional, a Tesla oferece a seus clientes, além de entregar o carro na casa do comprador, a opção de retirar o automóvel diretamente na fábrica, no Vale do Silício, com direito a uma visita às instalações da empresa.

Outro ponto importante para os clientes da Tesla é a completa mudança na rotina de assistência técnica e manutenção do carro. Essa é outra diferença drástica em relação aos carros tradicionais, com motores a combustão.

Para começar, depois da compra, o feliz proprietário não precisa se preocupar com troca de óleo e nenhuma outra manutenção. Muitos dos problemas que o carro possa apresentar podem ser consertados remotamente, simplesmente com atualizações de software, assim como um problema em um computador ou em um smartphone. Além disso, algumas melhorias também podem ser implementadas, até mesmo sem o proprietário saber, através de atualizações programadas do sistema do carro, como uma melhora no controle de tração ou no desempenho dos freios inteligentes. Ou seja, o Model S está mais para um iPhone ou um iPad do que para um carro tradicional!

Outra característica muito valiosa no Marketing da Tesla são os pontos de recarga espalhados por diversas rodovias, não só nos Estados Unidos como em outros lugares do planeta. Esses pontos de recarga são totalmente gratuitos e mais um atrativo para os clientes.

Como podemos ver, Elon Musk colocou no mercado um produto inovador, que proporciona uma experiência de direção diferente, se comparado a dirigir carros convencionais, utiliza uma forma diferente de vender seu carro, de fazer manutenção, de oferecer pontos de recarga e ainda, e principalmente, uma experiência de ter um carro de luxo ecologicamente correto e que ajuda a salvar o mundo. Essa era a visão de Musk quando começou a empreitada na Tesla. E o Model S foi só o começo...

A reação do público e da imprensa especializada ao lançamento do Model S não poderia ter sido melhor.

O carro foi considerado o melhor carro do ano de 2012 (não o melhor carro elétrico, mas o melhor da indústria automotiva), segundo a revista *Motor Trend* onde o Model S concorreu com carros de montadoras de peso, como BMW e Porshe. Também foi considerado e o melhor carro já construído, de acordo com a revista *Consumer Report*, entre muitas outras avaliações da imprensa comum e especializada.

Com a grande aceitação do público e o aval da imprensa, além do Marketing muito bem feito pela Tesla, as vendas do Model S deslancharam e a empresa se consolidou no mercado, atraindo as atenções do público e da concorrência.

O preço "salgado" do Model S era algo que preocupava muito a Musk, 100 mil dólares era muito, mas não estava muito acima dos concorrentes. Ele temia que as vendas iniciais fossem pequenas e que isso desestimulasse a todos ligados ao projeto. Mas Elon Musk teve uma grata surpresa. Assim como quando Steve Jobs lançava um produto novo, revolucionário, os fãs da Apple pagavam valores muitas vezes "exorbitantes", apenas para ter um Apple, Musk havia conseguido algo semelhante. Os primeiros compradores estavam comprando, não só um carro, mas uma ideia, um conceito de mundo sem carros à combustão, um conceito que, atualmente, é personificado por Elon Musk.

À partir do sucesso de vendas e crítica do Model S, os concorrentes de Detroit e de muitos lugares no mundo passaram a estudar o Model S, sua fabricação, pontos fortes e fracos, além dos próprios métodos de gestão de Musk. Finalmente uma *Startup* do Vale do Silício conseguiu chegar ao nível das montadoras tradicionais e, ainda, deixá-las apreensivas quanto ao próprio futuro do mercado automotivo.

Apenas um ano depois do lançamento do Model S a Tesla apresentou lucro e receita equivalente à algumas das mais importantes montadoras internacionais, como a japonesa Mazda, por exemplo.

## Depois do Model S: o Model X

Como qualquer montadora, a Tesla precisava não de um, mas de vários modelos diferentes para disponibilizar no mercado. Depois do Model S, a Tesla precisava lançar, rapidamente, um segundo carro de sucesso e esse foi o Model X, uma espécie de mini SUV, criado com base no Model S.

Da mesma forma que no desenvolvimento do Model S, Musk participou intensamente do período de criação do Model X. Ele queria que esse modelo fosse tão "perfeito" quanto o Model S e cada detalhe deveria ser tratado como vital, desde a base do design, maçanetas, bancos, dirigibilidade, itens de conforto de uma maneira geral e qualquer coisa que pudesse se transformar em um diferencial competitivo para o carro.

Tesla Model X

Mais uma vez, Musk e Von Holzhausen, o *designer* que criou o Model S, passaram muito tempo juntos. Von Holzhausen criava o *design* básico de todas as partes internas e externas do carro enquanto que Musk aprovava ou não e ainda dava todos os "palpites" possíveis. O carro estava sendo criado a quatro mãos!

Uma das grandes virtudes de Musk, assim como Steve Jobs, é ter um *"feeling"* muito apurado e ser capaz de imaginar produtos ou, nesse caso, itens de conforto e desempenho novos para o público e que acabam tendo grande aceitação. Foi assim com Steve Jobs, quando imaginou e colocou seus engenheiros para criar um aparelho digital capaz de armazenar milhares de músicas, o iPod. Era algo novo, que ninguém imaginaria, mas foi algo que os consumidores, em todo o mundo, descobriram que precisavam há muito tempo e simplesmente não sabiam!

## A Tesla depois do lançamento do Model S

Foi uma longa jornada, desde 2008 até 2012. A empresa quase foi a falência, o projeto e as vendas do primeiro carro, o Roadster, foi apenas suficiente para fazer a empresa conseguir chegar ao Model S, aconteceram todos os atrasos possíveis no desenvolvimento e produção dos carros, a imprensa "jogou contra" a Tesla a maior parte do tempo e Musk ainda tinha que dividir seu tempo e preocupações com sua outra grande empresa, a SpaceX, que também sofria graves problemas para sobreviver. Mas, com a chegada do Model S, os lucros e a consolidação da imagem da Tesla, tudo havia valido a pena para Musk. Agora era preciso seguir em frente, com novos carros e melhorar a tecnologia dos veículos elétricos cada vez mais.

Outros modelos foram criados, o Model S foi e continua sendo constantemente aperfeiçoado, assim como os demais carros da empresa. A Tesla continua ampliando sua rede de recarga em estradas do mundo todo e em pontos estratégicos, especialmente pelo território dos Estados Unidos. O Model S continua sendo o carro chefe da Tesla, mas seus outros modelos, também se tornaram "objetos de desejo", assim como o Model S.

O grande sucesso de seus carros e a "aura" de celebridade pop / high tech / visionário de Musk, fizeram da Tesla uma marca valiosa, que ainda está em plena ascensão. Mesmo que uma pessoa não conheça os modelos da fábrica, qualquer um que veja um carro com o logotipo da Tesla terá imediatamente uma alta percepção da qualidade e do valor daquele veículo.

Com a venda substancial do Model S e dos demais carros da Tesla, os concorrentes do mercado automotivo, as grandes montadoras americanas e de outras nacionalidades deixaram de ver a Tesla como uma aventura de um bilionário do Vale do Silício, para tratá-la como um concorrente de peso, que poderia atrapalhar e conquistar uma fatia importante do mercado.

As empresas automobilísticas tradicionais sabem há alguns anos que o mercado de carros não poluentes iria crescer. Aconteceram algumas tentativas de carros híbridos, de várias marcas, como o Toyota Prius, entre outros, mas as montadoras sabiam que o "futuro é elétrico".

Até o surgimento da Tesla, a tecnologia de baterias para carros elétricos ainda não era boa o suficiente e nem apresentava um custo benefício que a justificasse totalmente. A Tesla mudou isso com a tecnologia dos pacotes de baterias de Lítio, mas isso poderia ser feito pelas outras montadoras. O que a empresa de Elon Musk fez foi ser extremamente mais rápida do que os "dinossauros" da indústria automobilística, mas com tremendo o sucesso da Tesla, essas empresas precisariam se mover muito mais rápido.

A concorrência no mercado de automóveis sempre foi feroz, mas como a Tesla entrou em um nicho que era pouco explorado por essas empresas, e o fez com muita competência, a concorrência basicamente ficou apenas acompanhando com ceticismo. Entretanto, o sucesso da Tesla fez com que a concorrência acelerasse seus planos de carros elétricos.

Várias montadoras já lançaram carros elétricos e seus planos para os próximos anos são ambiciosos. Entretanto, por ter saído na frente, a Tesla se tornou o padrão a ser seguido e superado. Mas assim como no mercado de *smartphones*, o iPhone é o ícone, o sonho de consumo, assim como os demais produtos da Apple, a Tesla conseguiu alcançar esse mesmo valor, passar para o público a mesma percepção de qualidade e de produto que é um ícone no mercado de carros elétricos.

É impossível para o público e para a imprensa não associar os carros da Tesla à Elon Musk e à SpaceX. Isso é algo que nenhuma montadora no mundo poderá ter. Enquanto a Apple tinha o nome de Jobs para certificar e abrilhantar os produtos da empresa, a Tesla tem o nome de Musk e de uma empresa de tecnologia espacial.

A Tesla está no meio da "guerra" pela supremacia do mercado de carros elétricos, com vantagens competitivas muito boas. Isso despertou o instinto de retaliação nas outras montadoras, o que acaba gerando atritos, muitas vezes desnecessários, como quando a Ford registrou um nome de carro que, em princípio, não iria ser usado, apenas porque sabiam que a Tesla iria utilizar aquele nome, o Model E.

A Tesla criou muitos diferenciais de Marketing para seus carros. Tudo parece inovador. Uma grande quebra de paradigma que Musk fez com os carros da empresa é não definir o modelo do carro pelo ano de fabricação. Ou seja ela não espera a mudança de ano de fabricação ou de ano Modelo" para fazer mudanças nos carros.

Ao contrário do que a indústria automobilística faz há décadas, fazendo pequenas ou grandes mudanças nos carros, sempre que muda o ano do modelo, a Tesla incorpora mudanças e aprimoramentos à medida que eles vão sendo criados e desenvolvidos. Desta forma, um cliente que comprou um Model S em setembro de um ano, pode receber algum acessório novo, que não existia para alguém que comprou o carro um mês antes. Por um lado, a Tesla não oferece a sensação de ter um carro diferente e até mesmo melhor do que alguém que comprou o mesmo carro no ano anterior, mas oferece um aprimoramento constante. Isso também ocorre através das atualizações automáticas do software do carro.

A Tesla oferece aos seus clientes mais do que um carro, mas um estilo de vida diferente, como se a pessoa pudesse estar vivenciando o futuro. Além do carro elétrico, por si só, já ser uma grande inovação "futurística", Musk criou acessórios, softwares e formas do seu cliente se relacionar com a Tesla que transcende à simples (ou grande) experiência de comprar um carro.

Isso foi algo feito pioneiramente pela Apple, que criou o IPhone, a loja de aplicativos (AppStore), uma nova forma de ouvir e comprar músicas (Itunes) e muitas outras facilidades e atrativos. Musk seguiu uma estratégia que o levou a criar e oferecer algo parecido, mas para um produto mais complexo e que, além de transformar a forma como vivemos, também tem um importante impacto sobre o meio ambiente, acabando com a emissão de gases poluentes.

## O modelo de negócios da Tesla

A Tesla, até mesmo por ser uma fabricante de carros elétricos, tem um modelo de negócios bem diferente das indústrias de carros tradicionais, carros com motores a combustão.

Mas qual é a diferença? Como as grandes montadoras ganham dinheiro e como a Tesla ganha dinheiro?

As empresas fabricantes de carros movidos a motor à combustão, em primeiro lugar, ganham dinheiro com a venda do carro, mas não só com isso. Basicamente, além da venda dos carros, as indústrias automobilísticas tradicionais ganham dinheiro com revisões constantes, manutenção, trocas de óleos e filtros, trocas de pastilhas e uma enorme venda de peças de reposição.

A Tesla, pelas características inerentes aos carros elétricos e por estratégias de negócios criadas por Elon Musk, ganha dinheiro de forma diferente. A única receita que ela tem em comum com as demais indústrias de automóveis é a obtida pela venda dos carros, o que não poderia ser diferente. Mas as fontes de renda em comum param aí.

Para começar, os carros elétricos não necessitam trocar óleos, nem filtros de óleo, combustível etc. As revisões programadas também acontecem com uma frequência bem menor e são muito mais simples, o que resulta em um custo muito menor para o dono do carro e uma receita menor para a Tesla.

Quanto à reposição de peças, a Tesla nunca terá uma receita semelhante às das empresas de carros à combustão. Isso porque o número de peças em um carro elétrico é apenas uma fração das peças que são encontradas em carros à combustão, ou seja, a receita com peças de reposição fica, basicamente, restrita à peças avariadas em colisões, acidentes de trânsito e a poucas peças que acabam chegando ao fim de sua vida útil.

Para compensar a menor receita com serviços de manutenção e gerar receita adicional, a Tesla oferece algumas atualizações pagas de softwares para os carros mas, principalmente, o segredo está em não precisar de lojas e realizar venda direta de seus carros aos consumidores. Desta forma, a Tesla não precisa pagar altas comissões e vender seus carros mais baratos para revendedores. Com a venda direta pela Internet ou através de suas poucas lojas próprias, a Tesla aumenta substancialmente a receita que obtém com a venda de cada carro, aumentando muito a rentabilidade da empresa e, mais uma vez, fazendo diferente da concorrência.

É um conceito completamente novo em modelo de negócios para uma empresa que, além de tudo, investe em "dar de presente" o "combustível" para o carro de seus clientes, com os pontos de recarga gratuita. Para os clientes é ótimo e esse modelo acaba por fidelizar com mais facilidade, pois os compradores de carros da Tesla acabam gastando muito menos com a manutenção do carro e, ainda, conseguem recargas grátis.

Com o sucesso do modelo de negócios da Tesla e seus carros, especialmente depois que as vendas do Model S deslancharam, várias *startups* americanas que também estavam no negócio de carros elétricas acabaram sendo "engolidas" pela Tesla e Musk. Foram várias dessas empresas falindo, até mesmo a Better Place, uma *startup* que havia levantado cerca de 1 bilhão de dólares, mas que não conseguiu se destacar no mercado e foi leva pelo "tsunami" da Tesla.

No final, o que acabou destacando a Tesla em relação a todas as suas concorrentes foi Elon Musk, sua forma de gestão, sua visão de futuro e, também, o fato dele ter decidido ir pelo caminho mais difícil, e criar algo muito diferente do que o mercado esperava, algo incrível, que despertou a admiração e o desejo do público em ter um carro da Tesla.

## O mercado de veículos elétricos

Muitos fabricantes de automóveis entraram no mercado dos veículos elétricos. Fábricas de peso, como a Nissan, Volkswagen, BMW, Renault, Peugeot, Chevrolet, Hyundai e muitas outras estão na "briga" por uma fatia maior desse mercado que deverá mudar totalmente o segmento automotivo mundial.

Além de não serem poluentes e não contribuírem para o aquecimento global, causado em boa parte pela emissão de gases dos veículos movidos à combustão, os veículos elétricos também tem uma grande vantagem competitiva que é o melhor aproveitamento da energia utilizada.

Enquanto um carro com motor à combustão tem cerca de 80 a 90% da energia produzida pelo motor, perdida no "caminho" entre o motor e as rodas, a perda de energia de um carro elétrico, como o Model S, é de apenas 40%, ou seja, 60% da energia produzida pelo motor elétrico chega às rodas, enquanto apenas 10 a 20% da energia gerada em um motor à combustão chega ás rodas de um carro tradicional.

Atualmente a Tesla lidera o mercado mundial de carros elétricos e, vamos deixar bem claro, Elon Musk está só começando a colocar o seu plano ambicioso de mudar um mercado que, atualmente é um dos maiores responsáveis pela poluição no nosso planeta. Em poucos anos, segundo Musk, carros movidos com motores a combustão serão coisa do passado e o legado que será deixado para as próximas gerações não terá preço.

## As "gigafábricas" da Tesla

A Tesla construiu gigantescas fábricas, batizadas de "Gigafactory". Três já estão em operação e duas em fase de construção. Com as audaciosas metas de produção de carros elétricos que Elon Musk vislumbra para a empresa em curto prazo (mais de 500.000 veículos por ano), em pouco tempo a Tesla, sozinha, já consumiria toda a produção mundial de baterias de Lítio.

Para Musk, era inacreditável como as outras indústrias automobilísticas, que também estão entrando no mercado de veículos elétricos, pareciam não estar muito preocupadas com a alta da demanda por esse tipo de baterias e o "gargalo" que se tornaria a produção aquém da demanda. Dessa forma, para não ficar dependente da produção de baterias por terceiros, Musk decidiu produzir essas baterias em uma escala surpreendente.

Para isso, decidiu criar a sua primeira Giga Fábrica (Gigafactory) em Reno, no estado de Nevada. Com quase 500.000 metros quadrados de área útil, a fábrica é um marco para a Tesla e para a indústria de carros elétricos. Sua construção começou em 2014 e o prédio está sendo continuamente ampliado. Cada setor que tem sua construção terminada é imediatamente ocupado, aumentando a produção da fábrica. Quando estiver totalmente pronto, a Gigafábrica em Nevada deverá ser o maior edifício em área do mundo. Como sempre, Elon Musk não pensa pequeno. Além disso, toda a energia da fábrica virá de fontes limpas e renováveis.

O telhado da fábrica, coberto por placas solares, é uma impressionante usina de energia elétrica. A fábrica também utilizará energia elétrica produzida com a força dos ventos. Uma usina eólica fará parte da matriz de produção elétrica para a Gigafábrica.

Atualmente, a Gigafábrica em Nevada, além de produzir as baterias utilizadas em todos os carros da Tesla, também produz os motores do Model 3 e as unidades de armazenamento de energia elétrica para uso residencial e comercial, da Solar City, que atualmente são vendidos com a marca Tesla.

Tesla Gigafactory 1, em Nevada

A segunda Gigafábrica da Tesla (Gigafactory 2) entrou em funcionamento em 2017. Instalada na cidade de Buffalo, no estado de Nova York, a nova unidade da Tesla aproveitou a estrutura de uma fábrica instalada em uma área de cerca de 350 mil metros quadrados. Essa fábrica foi destinada à produção dos de painéis solares, tetos solares ("telhas" que funcionam como placas de captação de energia solar) e as unidades de armazenamento de energia elétrica, utilizadas em residências, empresas e também nas unidades de recarga de carros que a Tesla está espalhando pelos Estados Unidos e por muitos outros países. Essa fábrica era utilizada pela Solar City, até se tornar uma subsidiária e ser incorporada pela Tesla, em 2016.

A terceira Gigafactory da Tesla começou a ser construída em 2018 e iniciou sua produção em 2019, em Shangai, na China. Desde sua inauguração, a fábrica já dobrou de tamanho. A Gigafábrica 3 produz atualmente o motor do Model 3, além de ter a linha de montagem do Model Y. Como plano de negócios para a fábrica da China, a Tesla planeja produzir carros feitos especificamente para o público consumidor chinês.

Como o tamanho dos sonhos de Elon Musk parecem não ter fim e, literalmente, nem mesmo cabem em nosso planeta, ele já anunciou a implantação de mais duas Gigafábricas. A Gigafactory 4, planejada para ser a maior de todas em produção de veículos, será instalada em Berlim, na Alemanha. A construção segue a todo o vapor e a fábrica deverá ser inaugurada em breve.

A Gigafactory 5 está sendo erguida na cidade de Austin, no estado do Texas, nos Estados Unidos. O local foi escolhido por estar posicionado pouco mais a oeste do centro dos Estados Unidos, o que facilitará a distribuição dos carros por toda a Costa Oeste. Instalada em uma área de 2500 acres, os primeiros prédios estão sendo erguidos e a Tesla já iniciou o processo de recrutamento para as futuras operações da fábrica.

# 6

# Os carros da Tesla – tecnologia e design que conquistaram o mercado

Desde o início das operações da Tesla, muito antes de o primeiro carro da montadora ter sido projetado, Elon Musk já tinha em mente as premissas que iriam nortear a criação, o design, o desempenho e todas as características que tornaram os veículos da Tesla verdadeiros "objetos de desejo" para o público consumidor, assim como acontece com os produtos da Apple, como o iPhone e o iPad, por exemplo.

Para Musk, os carros da Tesla precisam ter uma autonomia superior a dos concorrentes elétricos e muito superior a dos concorrentes movidos à combustão, e quanto ao desempenho, este deve ser comparável ao dos carros esportivos movidos à combustão. Um Tesla tem design inovador, acessórios com tecnologia diferenciada e o conforto oferecido pelos carros de luxo. Tudo isso por um preço compatível com o que existe no mercado. Foram muitos os problemas que Musk enfrentou para colocar seu primeiro veículo no mercado, o Roadster, e, mais tarde, o carro que "alavancou" a Tesla, o Model S. Hoje, a Tesla conta com um catálogo de veículos que impressiona sob todos os aspectos.

## Model S

O Model S é o grande carro de luxo da Tesla. Ele foi o responsável por salvar a própria fábrica de uma possível falência e foi considerado um carro revolucionário.

Sua autonomia máxima divulgada pela fábrica é de mais de 520 milhas, o equivalente a 836 quilômetros. É equipado com dois ou três motores, dependendo da versão, e tração independente nas quatro rodas. Sua aceleração é impressionante. Faz de 0 a 60 milhas por hora, que é o equivalente a 96km/hora em apenas 1,99 segundos. A velocidade máxima também impõe respeito. Dependendo da versão do carro, pode chegar a 200 milhas por hora, equivalente a cerca de 321km/h.

É um veículo sedã com capacidade para quatro passageiros e com toda tecnologia do século 21 disponível em seu interior, com telas *touch screen* tanto para o motorista e passageiro da frente, quanto para os passageiros nos bancos de trás.

Está sendo comercializado diretamente no site e nas lojas próprias de Tesla, em versões que custam de US$72.900,00 até US$142,990.

Tesla Model S

## Model 3

O Model 3 foi concebido para ser o carro mais acessível da fábrica. Com preços que variam de US$39.690,00 a US$49.190,00, esse carro está em uma faixa de preço que compete com carros médios movidos a motor à combustão. A grande aposta de Elon Musk para esse carro é que ele seja o principal responsável pela popularização dos carros elétricos.

Assim como a Ford, no início do século XX, mudou a forma de fabricar carros e criou um automóvel, o Modelo T, que foi responsável pela popularização dos automóveis nos Estados Unidos, Musk está apostando que o Model 3 poderá cumprir o papel de disseminar o próprio conceito do carro elétrico naquele país.

O foco principal do modelo 3 a á segurança em caso de impactos. A estrutura metálica do carro é uma combinação de alumínio e aço. Este automóvel é capaz de resistir a vários capotamentos e, ainda, sua estrutura aguenta um peso equivalente a dois grandes elefantes africanos, segundo o site da própria Tesla.

Outro ponto forte do Model 3 é a grande autonomia: 353 milhas, o que é equivalente a 568 quilômetros. A arrancada do Model 3 também é ótima. O carro consegue ir de 0 a 60 milhas, o equivalente a 96km/h, em apenas 3.1 segundos, chega a uma velocidade máxima de 162 milhas por hora, equivalente a 260 quilômetros por hora. A aceleração, velocidade máxima e autonomia variam de acordo com a versão do carro. Ele pode ser equipado com um motor e tração traseira ou dois motores e tração independente nas quatro rodas, dependendo da versão adquirida.

Tesla Model 3

## Model X

O Model X é um SUV que pode ser configurado para transportar 5, 6 ou 7 passageiros. Sua autonomia máxima é de 360 milhas, o que representa cerca de 579 quilômetros e seu torque permite que o carro faça de 0 a 60 milhas, o equivalente a 96km/h, em apenas 2.5 segundos. A velocidade máxima desse veículo também é muito boa, chegando a 163 milhas por hora, o que equivale a 262 quilômetros por hora.

Uma característica notável desse modelo é o seu enorme para-brisa dianteiro, o maior do mundo. Além disso, ele tem todos os confortos de qualquer SUV de luxo. O Model X é vendido com a opção de dois ou três motores, com tração independente nas quatro rodas.

O preço de venda é semelhante ao do Model S, ficando entre US$83.190,00, na versão mais básica e chegando a US$113.190,00. Esses valores não incluem assessórios como o kit de direção autônoma, que custa US$10.000,00.

Tesla Model X

## Modelo Y

Este modelo, como os demais modelos da Tesla, foi criado com foco na segurança dos passageiros. Os veículos da Tesla oferecem uma proteção contra acidentes incomparavelmente melhor à qualquer outro automóvel no mercado, segundo a própria Tesla.

É um SUV com capacidade para até 7 passageiros, com um grande espaço interno. Ele tem 2 motores e tração independente nas quatro rodas. Sua aceleração, como nos demais carros da Tesla, é impressionante: faz de 0 a 60 milhas, o equivalente a 96km/h, em apenas 3.5 segundos. Tem autonomia de 326 milhas, equivalente de 524km e suas baterias poder ser recarregado em apenas 15 minutos, em locais que haja supercarregadores. O Model Y chega a uma velocidade máxima de 155 milhas por hora, equivalente a 249 quilômetros por hora.

Tesla Model Y

## Cybertruck

O Cybertruck é uma caminhonete ou utilitário com caçamba, que em nada se assemelha ao que existe no mercado. Parece um grande veículo saído dos filmes de ficção científica. A proposta desse carro é ser um grande utilitário, mas com desempenho de um carro esportivo. A capacidade de carga desse utilitário é de pouco mais de 1500 quilos.

Para dar o máximo de segurança aos seus passageiros, o Cybertruck possui um exoesqueleto que suporta as mais terríveis colisões e o revestimento externo é feito de aço inoxidável.

Sua autonomia é de 500 milhas, ou cerca de 800 quilômetros e faz de 0 a 96km/h em 2,9 segundos.

Tesla Cybertruck

## Roadster

A Tesla irá lançar em breve a nova versão do Roadster, que foi o primeiro carro lançado pela montadora. O Roadster de segunda geração terá o que há de mais moderno da tecnologia Tesla. Será o melhor modelo esportivo que existe. Cm três motores, ele poderá chegar a uma velocidade máxima de 400km/h e fazer de 0 a 100km/h em apenas 1,9 segundos.

Tesla Roadster – segunda geração

A principal mudança tecnológica nesse modelo será um novo pacote de baterias de lítio, mais eficiente, que proporcionará ao novo Roadster uma autonomia de até 1.000 km.

## Navegação autônoma

A Tesla, assim como as principais indústrias automobilísticas está investindo no desenvolvimento de sistemas de navegação autônomos para seus veículos. E empresa de Elon Musk desenvolveu um sistema chamado "Full Self-Driving". Pelo preço de 10 mil dólares, o dono de um Tesla pode contar com um sistema confiável, que dirige o carro completamente sozinho. Por razões legais, é necessário que uma pessoa habilitada esteja no assento do motorista, mas o carro faz tudo sozinho.

Apesar dos grandes avanços, o Full Self Driving ainda não é 100% seguro, assim como os sistemas autônomos de outras montadoras. Elon

Musk anunciou recentemente que em menos de um ano o sistema autônomo da Tesla será totalmente seguro. Mesmo assim, milhares de clientes já compraram seus carros com esse sistema de navegação autônoma. Com isso, alguns acidentes já aconteceram com carros da Tesla, da mesma forma que sistemas autônomos de várias montadoras do mundo todo também já causaram acidentes.

Elon Musk apresentando o novo Roadster

Estamos ainda em um patamar tecnológico que é imprescindível que o motorista esteja atento para corrigir uma eventual falha do sistema autônomo. Mas se Musk cumprir sua promessa e a expectativa de que o seu primeiro sistema autônomo 100% seguro esteja operacional em breve, será mais uma grande conquista de mercado para a Tesla e para "Tony Stark".

A navegação autônoma é capaz de parar e acelerar em cruzamentos, com ou sem sinal luminoso, detectar pedestres, carros se movimentando ou parados ao redor, ele escolhe as melhores rotas, faz mudanças de faixa, conversões em qualquer tipo de cruzamentos e, no final do trajeto, mesmo sem o motorista dentro do carro, o carro estaciona sozinho e ainda escolhe uma vaga com o tamanho adequado para o carro. O dono do Tesla também tem opções incríveis, como acionar o motor remotamente e fazer com que o carro venha até ele, como em um "serviço de manobrista autônomo".

# 7

# Solar City – energia limpa para um mundo sem poluição

Criada em 2006 pelos primos de Elon Musk, Lyndon Rive e Peter Rive, a Solar City se tornou um fenômeno no mercado de painéis solares. Peter e Lyndon são próximos de Elon Musk desde que moravam na África do Sul. O entusiasmo deles por fazer algo diferente, que pudesse fazer a diferença no mundo ia de encontro com as próprias crenças e ambições de Musk, que foi um entusiasta da ideia dessa empresa e investiu nela, para que seus primos pudessem colocar em prática mais um braço dos negócios de Musk voltado para a despoluição do mundo, com o uso de energias limpas.

Na época em que a ideia da empresa estava apenas em "gestação", os preços de painéis solares ainda eram muito altos, inviabilizando a maior parte de seu uso em residências e, além disso, poucas pessoas e empresas faziam a instalação. O próprio custo de instalação era alto e a tecnologia dos painéis estava evoluindo muito, mas sem redução de custos para o consumidor final.

A empresa tinha como foco inicial vender painéis solares, a gestão da produção e o armazenamento dessa energia para residências.

Com a decisão de fundar a Solar City, os irmãos Rive, com a ajuda de Musk, idealizaram um modelo de negócios no qual a Solar City não produziria os painéis, mas os compraria no mercado e ofereceria aos seus clientes um financiamento para a compra, no formato de arrendamento, o que não existia no mercado na época.

Naquele momento, início dos anos 2000, investir em produção de energia limpa não era um negócio promissor a curto ou médio prazo, no que diz respeito ao retorno do capital investido e lucros. Mas, como sempre, Musk priorizava suas convicções de mudar o mundo e produção de energia limpa era uma de suas prioridades. Mesmo assim, ele queria colocar essa ambição em prática, mas com retorno financeiro o mais rápido possível.

De qualquer forma, assim como com suas outras empresas, Musk entrava na Solar City para colocar em prática sua própria visão do futuro. Se o futuro sustentável da humanidade depende da produção de energia limpa em larga escala e, principalmente os Estados Unidos, não levavam a sério essa premissa, para Musk, estava na hora de acelerar as coisas e fazer com que o futuro da produção de energia limpa acontecesse mais rápido.

Tendo participado da criação do próprio modelo de negócio da empresa, Musk investiu pesado, se tornando o maior acionista e presidente da empresa, tendo participação de um terço do negócio.

Em 2012 a Solar City já era a maior empresa de painéis solares dos Estados Unidos, sendo a que mais instalava, sem produzi-los. Com o barateamento do custo dos painéis solares, devido à entrada de empresas chinesas nesse segmento, a Solar City passou a atender, também, clientes empresariais. Empresas que almejavam a redução de contas de eletricidade e também utilizar a energia solar como Marketing corporativo. Elas estavam procurando cada vez mais instalar painéis solares e a empresa de Musk e seus primos soube muito bem aproveitar essa demanda. Empresas como Intel e Wal Mart estavam na carteira de clientes da Solar City. Nessa época, a empresa já havia alcançado um impressionante valor de mercado, ao redor de 7 bilhões de dólares e ainda com grande potencial para expansão.

Em 2014 a Solar City começou a voar ainda mais alto. Passou a oferecer a seus clientes unidades de armazenamento de energia de última geração, feitas com pacotes de baterias de Lítio produzias pela Tesla. A sinergia entre os negócios de Musk começou a fortalecer ainda mais a Solar City.

Basicamente, essas unidades de energias eram feitas de pacotes das baterias colocados em um gabinete do tamanho de uma geladeira. Todo o sistema de geração de energia através das placas solares, o armazenamento e a sua utilização são controlados por um software específico, capaz de otimizar a economia de eletricidade utilizada da rede pública. Isso significa que o sistema usa a energia produzida nas placas e armazena o excedente.

Painéis solares residenciais – Solar City / Tesla

Nos momentos em que a energia elétrica da rede pública custa mais caro que a energia produzida pelas placas, o sistema desliga a entrada de energia da rede pública e utiliza a energia fotovoltaica armazenada. A energia armazenada também é utilizada em momentos de falta de energia elétrica da rede pública. Assim, mesmo com uma falta de eletricidade a residência ou empresa não ficará sem luz e, ao mesmo tempo, as contas de eletricidade serão reduzidas ao máximo possível.

O objetivo da empresa é a produção e armazenamento de energia elétrica com fonte solar, tendo como foco residências. Seus produtos visam criar uma verdadeira usina de produção de energia elétrica em uma casa. Apesar disso, seus produtos também são utilizados por empresas.

Com painéis solares e estações de armazenamento de energia elétrica, a Solar City oferece soluções completas de produção, armazenamento e gestão da produção caseira. Com isso é possível reduzir as contas de luz e a dependência da rede de distribuição pública de energia.

Com o "pacote completo", ou seja, uma solução completa em geração, armazenamento e gestão de energia fotovoltaica produzida em residências ou empresas, a Solar City se coloca como uma nova opção, um concorrente direto das empresas tradicionais de fornecimento de energia elétrica. Desta forma, com a escala crescente de clientes, a empresa poderá se consolidar como uma grande prestadora de serviços em energia e a maior empresa mundial nesse segmento que ainda apresenta um gigantesco potencial de crescimento.

Como aconteceu também com a Tesla e com a SpaceX, Musk entrou no mercado de energia solar e colocou seus produtos e serviços em escala muito ambiciosa, para se tornar rapidamente o maior. Mas, como já mencionei anteriormente, os objetivos de Musk com carros elétricos, energia solar e viagens espaciais transcendem o mundo dos negócios e tem mais ligação com a forma com que Elon Musk enxerga o mundo e o futuro da humanidade.

É muito comum ouvirmos no mundo dos negócios que se você focar em resolver problemas das pessoas ao invés de apenas criar produtos e serviços e tentar vendê-los, você terá muito mais sucesso. Musk está fazendo exatamente isso, mas em um nível de negócios nunca antes feito, nem pela velocidade e agressividade com que tem entrados nesses mercados, nem pela complexidade das áreas que escolheu para atuar. E essas escolhas foram feitas exatamente pelas expectativas pessoais de Musk. Ele quer salvar a raça humana e melhorar as condições ambientais, ou seja, ajudar a transformar nosso planeta em um lugar sustentável, mesmo com toda a influência humana na natureza.

Este é o objetivo maior de Musk, para que cada vez mais a energia limpa do sol possa abastecer milhões de lares e empresas e, com isso, reduzir a necessidade de compra de energia elétrica "suja", vinda de fontes como usinas termoelétricas. Mais uma vez, Musk está comprando uma briga com um segmento muito forte, o de energia elétrica.

Ainda em 2014, a Solar City, mudando a sua premissa de que não seria lucrativo produzir suas próprias placas solares, comprou uma fábrica de células solares e passou a produzir seus próprios painéis solares. A decisão de passar a produzir suas placas solares ocorreu pelo fato de que a Solar City já tinha tantos clientes que estava cada vez mais difícil comprar placas no mercado, o que poderia eventualmente criar situações nas quais a empresa não conseguisse atender clientes por falta de painéis para entregar. Além disso, com a produção em escala, a Solar City poderia conseguir uma redução de custos.

Mais uma vez, Musk implantou a verticalização da produção. Assim como a Tesla e a SpaceX, a Solar City também iria passar a produzir seus principais produtos e insumos.

Em 2016 a Solar City passou a ser uma subsidiária da Tesla sediada na cidade de San Mateo, na Califórnia. Com isso, a sinergia entre a Solar City e a Tesla só cresceu.

A marca Solar City deu lugar à marca Tesla que, por ser uma marca mais forte, certamente aumentou a percepção de valor dos produtos e da própria qualidade do que é produzido pela empresa.

## O mercado de energia solar no Brasil e no mundo

A produção de energia elétrica através da captação da energia solar apresenta um dos maiores potenciais dentre todas as formas de produção de energia limpa existentes. O sol fornece energia para captação na Terra, em tamanha magnitude, que, se houvesse um aproveitamento adequado, toda a energia necessária para mantermos as necessidades da humanidade poderia ser obtida exclusivamente através de fontes de captação solar.

Dependendo do país, da localidade no mundo, o potencial de produção de energia fotovoltaica pode variar muito. Países nos quais há mais dias ensolarados, o potencial de produção é certamente muito maior.

No Brasil, o crescimento da produção de energia fotovoltaica, ou seja, produção de eletricidade através do uso de energia solar vem crescendo, ano a ano. Durante a pandemia de 2020, como em quase todos os segmentos da economia, esse setor encolheu, mas no ano anterior, 2019, ele cresceu mais de 200% no Brasil.

Os maiores fabricantes de placas solares do mundo são os chineses. Em 2020, dos 10 maiores fabricantes, 7 eram chineses. Entretanto a maior fábrica de placas fotovoltaicas do mundo é uma empresa canadense, a Canadian Solar, com sede em Ontário. Além de fábricas no Canadá, a empresa produz placas em diversos países da Ásia, dentre eles a própria China.

A Solar City, nos Estados Unidos, se tornou o maior fabricante de painéis fotovoltaicos mas em 2016, por medidas restritivas e visando o lucro do conglomerado, Musk reduziu drasticamente as operações de produção de placas solares.

## Produtos SolarCity/Tesla

A Solar City fabrica duas linhas de painéis fotovoltaicos. A primeira é de painéis solares para serem colocados nos telhados de casas.

A segunda linha chamada Solar Roof (teto solar) é de painéis que substituem o telhado da casa, ou seja, aproveita toda a superfície da casa para produzir energia elétrica limpa. É como se cada telha do seu telhado fosse uma pequena placa solar. E ainda deixa a casa mais bonita, além de mais sustentável. Essas placas são tão fortes que chegam a ser três vezes mais resistentes que telhas convencionais.

Além das placas e telhas fotovoltaicas, a Tesla fabrica unidades armazenadoras de energia elétrica, utilizando a tecnologia de baterias de Lítio. Essas unidades de armazenamento servem para "estocar" a energia elétrica gerada pelo sistema de captação fotovoltaico, para que essa energia possa ser utilizada quando não houver produção ou mesmo como uma fonte reguladora da energia que é utilizada pela residência ou empresa. Sem essas unidades de armazenamento seria impossível utilizar a energia solar durante a noite ou em dias muito nublados.

Seus produtos são vendidos diretamente pelo site da Tesla.

Solar Roof – Solar City / Tesla – telhas fotovoltaicas que substituem as telhas convencionais

## Problemas com a SolarCity

Em 2018 a Tesla fechou várias fábricas da Solar city, demitindo e realocando milhares de funcionários. O objetivo dessa manobra foi reduzir áreas deficitárias da Tesla e conseguir que, pela primeira vez até então, a Tesla se tornasse lucrativa.

Mesmo assim, a Solar City seguiu firme e seus produtos fizeram milhares de residências e empresas se tornarem pequenas usinas de geração de energia elétrica chegando, até mesmo, a competir com fornecedoras públicas de energia elétrica.

Atualmente os produtos da Solar City, já com a marca Tesla, são produzidos na Giga fábrica da Tesla instalada na cidade de Buffalo, no estado de Nova York.

# 8

# The Boring Company
# – túneis high-tec

Em 2013, Elon Musk divulgou uma ideia que parecia uma mistura de delírio futurista com algo que poderia dar certo, mas que nunca sairia do papel. Musk disse estar interessado em criar uma espécie de transporte subterrâneo, de alta velocidade e baixo custo, que poderiam servir como pistas expressas subterrâneas, ligando diferentes áreas de grandes cidades ou mesmo um transporte de alta velocidade para viagens entre cidades.

Sua primeira ideia foi criar uma ligação desse tipo entre as cidades de Los Angeles e São Francisco, cidades do estado da Califórnia separadas por uma rodovia com pouco mais de 600km. Ele teve essa ideia quando soube de um projeto de trem bala para ligar as duas cidades. Musk imediatamente pensou em criar alguma forma de transporte que fosse tão ou mais rápido, mais eficiente e barato. O nome desse tipo de transporte é Hyperloop.

A base motora do Hyperloop seriam a pressão nos tubos e pulsos eletromagnéticos. Essa combinação permitiria velocidades de mais de

1200km/h, o que tornaria possível fazer o trajeto entre as duas cidades em apenas meia hora. O custo estimado por Musk para realizar a obra e tornar realidade esse projeto seria uma fração do custo anunciado do trem bala que, também, seria bem mais lento do que o Hyperloop.

As cápsulas que se moveriam a essa tremenda velocidade poderiam ser para passageiros ou poderiam levar carros, ou seja, você entraria com seu carro em uma dessas cápsulas e chegaria ao seu destino em meia hora, não em 6 horas e, de carro! E fazendo parte das estratégias maiores de Musk, o Hyperloop seria totalmente movido a energia solar. Ou seja: transporte rápido, de baixo custo, totalmente movido a energia limpa. Essa é a equação da qual Musk mais gosta!

Além de ligar Los Angeles a São Francisco, Musk também acreditava ser viável ligar cidades como Nova York a Boston e Washington. Seus estudos preliminares mostravam a viabilidade economia para trajetos não muito maiores dos que os que separam essas cidades.

Elon Musk passou a ser visto como uma mistura de Steve Jobs e Bill Gates" e passou a ter seguidores e fãs muito fiéis. O simples fato de ter cogitado esse projeto fez com que a mídia e seu "público fiel" ficassem divididos entre acreditar que aquele projeto "do futuro" se tornaria realidade ou não. Musk sabia que esse era o tipo de Marketing que ele não poderia perder.

Com a comprovação de que o público e a mídia se interessaram pelo Hyperloop, Musk decidiu coloca-lo em prática, começando pela construção de um protótipo. E com isso ele criou mais uma empresa de seu grupo que, a esta altura, contava com naves espaciais, carros elétricos, energia solar e, agora, transporte terrestre de alta velocidade, algo que nunca havia sido tentado. Um prato cheio para ele!

Em 2016 foi criada The Boring Company, também conhecida como TBC, que é mais uma das empresas sem precedentes criadas por Elon Musk. A proposta da TBC é cavar e construir túneis sob qualquer cidade do mundo, para aliviar o tráfego e deixar as cidades mais livres dos automóveis. Também tem como objetivo ligar cidades cuja distância não seja maior do que 1600km.

Túneis sempre existiram, mas a grande inovação dos túneis de Musk é que eles são completamente diferentes de qualquer túnel que você já tenha visto.

Os túneis dispõem de uma plataforma externa, na rua, onde os carros estacionam e depois são conduzidos por um elevador, até o túnel.

Dentro dos túneis da TBC, carros não são conduzidos pelos seus motoristas. Eles ficam em cima de uma plataforma que desliza pelo túnel a uma velocidade que pode chegar a 200km/h, em trajetos urbanos.

Criar uma rede de túneis por baixo das cidades, com capacidade de mover os carros a altas velocidades é uma saída ótima para mudar todo o panorama do trânsito.

Se locomover em túneis é muito prático, não está sujeito a chuvas, muito sol ou qualquer variação climática, á mais seguro do que dirigir normalmente pelas ruas e elimina totalmente o desgaste que sofremos no trânsito.

E se os túneis não estiverem dando conta da demanda de tráfego, com a tecnologia de escavação utilizada pela TBC, túneis podem ser cavados em diversos níveis abaixo da superfície, criando vias que sejam suficientes para acabar totalmente com o trânsito de uma região ou cidade.

A tecnologia desenvolvida para cavar os túneis da TBC torna possível um custo muito baixo por quilômetro escavado. É uma tecnologia de construção civil que criou o transporte público mais rápido e seguro jamais desenvolvido.

Além de construir os túneis destinados a levar automóveis em alta velocidade, a TBC também constrói túneis destinados única e exclusivamente ao transporte de carga. Mais um conceito novo para o mercado de cargas em todo o mundo!

O primeiro túnel para testes foi construído em Hawthorne, na Califórnia, e ficou pronto em 2018. Ele está sendo usado como laboratório de testes, pesquisa e desenvolvimento para os futuros projetos. É um túnel pequeno, com pouco menos de 2km de extensão, mas foi e está sendo vital para o desenvolvimento de todo o projeto. Ele tem uma das extremidades dentro da área da SpaceX e a outra em um cruzamento de rua, ainda dentro de Hawthorne. O investimento para sua construção foi de 10 milhões de dólares.

Além desse túnel a TBC está construindo túnel em Las Vegas e se preparando para iniciar a construção de outros túneis em Los Angeles e um que ligará as cidades de Baltmore e a capital dos Estados Unidos, Washington.

O túnel de Las Vegas será para ligar á área urbana. Túneis de extensão reduzidas são chamados de Loop, enquanto os de alta velocidade são os Hyperloop. Para se ter uma ideia da eficiência do túnel, o trajeto que ele percorrerá em Las Vegas, se fosse feito de carro, na superfície, pode levar até 30 minutos, em horários de pico, enquanto que pelo túnel levará cerca de 3 minutos. A velocidade de movimentação das cápsulas que transportarão os carros serão de até 250km/h., sem qualquer tipo de barulho ou trepidação. Um dos túneis já está completo e foi construído no Las Vegas Convention Center, o gigantesco centro de convenções da cidade. O objetivo é levar as pessoas de um extremo ao outro do local. O trajeto, à pé, leva cerca de 15 minutos. Utilizando o túnel, o mesmo trajeto é feito em 1 minuto.

Os túneis de Los Angeles e o que ligará a cidade de Washington a Baltmore estão aguardando aprovação das licenças ambientais necessárias para que a construção seja iniciada.

Os planos de Elon Musk para a TBC são proporcionalmente tão ambiciosos quanto construir uma colônia de um milhão de pessoas em Marte. Ele pretende disseminar a construção desses túneis e mudar totalmente a forma como nos locomovemos nas grandes cidades.

# 9

# Neuralink – neurotecnologia

Criada em 2016 e com sede em São Francisco, na Califórnia, a Neuralink é mais uma empresa de alta tecnologia de Elon Musk. Apesar de ainda ser uma empresa pequena em número de funcionários, se compararmos à Tesla ou à SpaceX, o que essa neuralink poderá trazer de benefícios à humanidade é inédito. Como sempre, Musk não pensa pequeno e sempre pensa em mudar o mundo de alguma maneira inovadora, através de suas empresas.

O objetivo da Neuralink é criar dispositivos eletrônicos que possam ser implantados no cérebro humano para criar ligação entre o cérebro, máquinas e computadores. Além disso, segundo Musk, a empresa pretende, em um curto espaço de tempo, conseguir desenvolver implantes neurais capazes de curar ou reduzir efeitos e sintomas de doenças cerebrais degenerativas, beneficiando especialmente pacientes portadores do Mal de Parkinson e Alzheimer.

O conceito todo é unir o melhor do cérebro humano com a inteligência artificial, através do implante de microchips. Esses chips desenvolvidos pela Neuralink são similares aos já utilizados na medicina para o tratamento de pacientes com o Mal de Parkinson.

O conceito de implante implantes cerebrais não é novo. Além dos já utilizados com bons resultados para reduzir sintomas de Parkinson, também já foram testados implantes que tornavam possível a pacientes com paralisia controlar um braço robótico ou outros dispositivos eletrônicos apenas com o pensamento.

A Neuralink está "pegando carona" neste conceito e trabalha para leva-lo a um patamar ainda inédito. Eles estão desenvolvendo um projeto para que esses implantes sejam capazes de ajudar pessoas tetraplégicas. Testes feitos em macacos mostraram resultados promissores.

Como objetivo final a Neuralink quer desenvolver implantes que possam ajudar pessoas com paralisia, curar ou reduzir os efeitos de doenças degenerativa mas o objetivo mais ambicioso é criar implantes neurais capazes de aumentar as habilidades e capacidade cerebral dos seres humanos, ou seja, criar uma simbiose entre o cérebro e a Inteligência Artificial.

No início de 2021, a Neuralink começou o processo de aprovação dos testes de implantes em humanos, que precisam ser autorizados pelo FDA (Food and Drug Administration), órgão do governo americano que pode autorizar esse tipo de testes, pois é responsável por aprovar o uso de medicamentos e equipamentos ligados à área de saúde.

Segundo Musk, "A Neuralink está trabalhando muito duro para assegurar a segurança de implantes e está em comunicação bem estreita com o FDA. Se as coisas forem bem, nós poderemos iniciar os testes em humanos ainda este ano".

Não são conhecidos, ainda, os tipos de testes em humanos que poderão ser autorizados pelo FDA. Até agora a Neuralink só fez testes com macacos e, segundo a empresa, os resultados foram promissores. Recentemente foi divulgado um teste feito com um macaco que recebeu um implante neural e conseguia jogar um videogame e o comandava com sua mente. Os impulsos neurais do cérebro do macaco eram capazes de acionar os movimentos no videogame.

Mesmo em uma área cuja tecnologia não avançou significativamente nos últimos anos, Musk deu o tom e conseguiu que as pesquisas da Neuralink passassem para o estágio de testes e com resultados incríveis.

Como sabemos, Musk costuma não desistir de seus ideais e seus negócios, mas só o tempo dirá onde esse tipo de tecnologia poderá nos levar.

# 10

## As criptomoedas de Musk

Elon Musk tem sua própria visão de futuro, que ele quer transformar em presente o mais rápido possível. E nesse futuro ele enxerga que as criptomoedas terão um papel muito relevante. Muitas pessoas em todo o mundo compartilham dessa visão, mas quando alguém como Elon Musk passa a negociar montantes gigantescos de criptomoedas, ele passa a influenciar esse mercado diretamente.

Mas o que são criptomoedas e qual é o real interesse de Musk a esse respeito?

A criptomoeda ou Bitcoin, como é mais conhecida (devido à pioneira criptomoeda chamada "Bitcoin"), é um tipo de "dinheiro eletrônico" criado inicialmente com o intuito de ser a "moeda da Internet", ou seja, transações on-line de todos os tipos poderiam ser feitas com essa moeda que, como qualquer outra, de qualquer país do mundo, tem sua cotação própria, que varia de acordo com a compra e venda.

O valor dessas moedas não é controlado por nenhum governo ou banco central de qualquer país, o que é considerado por muitos analistas de mercado como um forte ponto negativo para esse ativo financeiro, tendo em vista que a falta de controle implica em uma maior volatilidade nas cotações. Apesar disso, o mercado consumidor e boa parte do mercado de investimentos enxergam as moedas digitais, e em especial as Bitcoins, como boas oportunidades de ganhos "astronômicos".

Existem muitas criptomoedas disponíveis no mercado, sendo que as maiores, atualmente, são: Bitcoin, Ethereum, XRP, Theter, Binance Coin, Cardano e Dogecoin.

E como funciona esse mercado?

Você pode comprar e vender criptomoedas da mesma forma feita com uma moeda estrangeira comum e pode utilizá-las nas mais diferentes operações on-line. Assim como ocorre com uma moeda convencional, ao comprar um montante e a cotação da criptomoeda subir, você ganhará dinheiro, mas, em caso contrário, se a cotação descer, você perderá.

Nos últimos anos, Musk deu declarações de que via um grande potencial nas criptomoedas, mas em janeiro de 2021 ele fez um gigantesco e, até certo ponto, inesperado movimento nesse mercado, quando a Tesla comprou 1,5 bilhão de dólares em Bitcoins, a maior e mais conhecida criptomoeda do mundo. Essa operação da Tesla fez com que a moeda digital tivesse um ganho de 17% em sua cotação e alcançasse um valor recorde de 44.200,00 dólares.

Musk se pronunciou sobre a compra das Bitcoins, explicando que isso fazia parte de uma mudança na política de investimentos da empresa que passaria a investir em "ativos de reserva", dentre eles as criptomoedas, além de ouro ou fundos lastreados em ouro.

Essa compra realmente "balançou" o mercado de criptomoedas, fazendo com que as cotações disparassem. Isso porque, além do mercado de criptomoedas ter recebido uma enorme injeção de capital, o fato dessa injeção maciça ter vindo da Tesla e de Elon Musk acabou tendo um grande peso, mesmo sendo especulativo. O mercado obviamente raciocinou da seguinte forma: se Elon Musk está "entrando pesado" no mundo das Bitcoins, significa que esse é um mercado e um produto confiável, e essa conclusão levou mais pessoas a comprarem Bitcoins e, com isso, elevou ainda mais as cotações. Na época dessa operação, a Tesla divulgou que a compra de

Bitcoins visava aumentar a rentabilidade do caixa da empresa e que esse dinheiro digital não seria utilizado para operações regulares da Tesla.

Além de fazer essa incrível compra de Bitcoins para a Tesla, Musk determinou que a montadora passasse a aceitar Bitcoins como moeda de compra de seus carros. Esse movimento mostrou sua determinação em ajudar, de certa forma, a consolidar a criptomoeda como "a moeda do futuro".

A capacidade de Musk em influenciar diretamente o mercado das criptomoedas ficou notória quando simples posts no twitter influenciavam as cotações. Bastava ele postar um "#bitcoin", que as cotações subiam! Quando mencionou a Dogecoin em uma de suas postagens, a moeda digital foi valorizada em 50%, somente pela menção de Musk.

Inegavelmente, os movimentos de Musk são cuidadosamente seguidos pelo mercado, concorrentes e pela mídia. É praticamente impossível que ele se manifeste sobre algum assunto relevante sem que isso traga consequências, boas ou ruins, para o mercado e para as próprias empresas de seu grupo.

O grande movimento de compra de Bitcoins feito por Musk, através da Tesla, foi algo aplaudido por muitos e criticado por outros. Tanto a imprensa especializada quanto o mercado de investimentos se dividiram. Isso porque, com um montante de Bitcoins dessa magnitude fazendo parte do ativo financeiro da Tesla, ou seja, boa parte do caixa da empresa passou a ser composta por Bitcoins e, com isso, as ações da montadora passaram a se sujeitar às variações das cotações das Bitcoins. Isso quer dizer que, se a cotações das Bitcoins caírem, o valor do caixa da Tesla acompanhará essa queda, e a empresa passará a valer menos, assim como suas ações.

Apesar de todo seu entusiasmo com as Bitcoins, 5 meses após a grande compra de criptomoedas e um mês e meio após a empresa de Musk passar a aceitar a moeda digital como pagamento para seus carros, tudo mudou.

Após a constatação de que as operações mundiais que envolvem as criptomoedas consomem uma gigantesca quantidade de energia elétrica e que boa parte dessa energia é proveniente de fontes "sujas", que utilizam combustíveis fósseis, como usinas termoelétricas, em maio de 2021, Musk anunciou que a Tesla deixaria de aceitar Bitcoins como pagamento para seus carros. Isso fez com que a cotação da Bitcoin caísse 12%, enquanto o valor de outras criptomoedas caía ainda mais. Nesse dia, para se ter uma ideia, a Dogecoin caiu quase 20%.

Segundo estudos recentes, o chamado "processo de mineração" da Bitcoin, ou seja, as operações que movimentam essa moeda digital na Internet, consome perto de 150TWh, um gasto de energia elétrica comparável a cerca de 30% da energia consumida no Brasil em 2020 ou o consumo anual total de países como Egito ou Polônia. E essa energia representa uma grande emissão de gases poluentes na atmosfera, algo que é fortemente combatido por Musk e é a razão da existência da própria Tesla: criar automóveis que ajudem a reduzir a poluição e os efeitos do aquecimento global.

Após anunciar que o Bitcoin deixaria de ser aceito na compra de veículos da Tesla, Musk justificou sua atitude como condizente com a sua preocupação com o meio ambiente, algo que norteia todos os seus negócios. Disse também que a Tesla não venderia suas Bitcoins e que estudariam utilizar outras criptomoedas para as operações de vendas dos seus carros. O critério para isso seria o de comparar o consumo de energia e escolher criptomoedas que usassem menos energia em suas transações. Musk também disse que a Tesla voltaria a utilizar Bitcoins em suas operações assim que as transações com essa criptomoeda passassem a utilizar menos energia e que esta fosse sustentável.

# 11

# Como Elon Musk administra seus negócios

Musk é um *nerd* assumido! Desde pequeno se interessava por física, foguetes, computação e leituras de *nerd*. Seu livro favorito era o "Guia do Mochileiro das Galáxias" (The Hitchhiker's Guide to Galaxy), de Douglas Adams, um dos *"hits"* dos *nerds* em todo o mundo. Essa bagagem adolescente de cultura geek acabou por ser muito importante em sua vida e moldou sua forma de gestão empresarial.

Elon Musk tem seu estilo próprio para administrar seus negócios. Como muitos grandes empreendedores, ele é capaz de tomar decisões importantes rapidamente, muitas vezes, em frações de segundos e em outras, após muita reflexão. Ele é frequentemente comparado a Steve Jobs e também a Bill Gates mas, apesar de algumas semelhanças na forma de administrar, Musk está além de onde chegaram Jobs e Gates.

Muitas pessoas no mercado, imprensa e escritores acabam não concordando com as comparações feitas entre Musk, Jobs e Gates. Isso porque Jobs e Gates teriam sido responsáveis por uma contribuição mais significativa no mundo da tecnologia. Em minha opinião, isso é irrelevante, pois seria como comparar bananas com repolhos!

As contribuições gigantescas à humanidade, no que diz respeito à avanços inimagináveis na tecnologia, dadas por Bil Gates, Steve Jobs e Elon Musk são indiscutíveis. Os dois primeiros foram responsáveis por um salto de qualidade na indústria da tecnologia que realmente mudaram hábitos das pessoas em todo o mundo. Foram capazes de gerar fortunas incalculáveis, empregos e prepararam as bases para um futuro onde Elon Musk se inseriu de maneira brilhante. O que é inegável é que o alcance da atuação de Musk transcende em muito o alcance dos negócios de Gates e Jobs.

Steve Jobs teve como seus grandes negócios a Apple e a Pixar, mas o seu foco principal, durante quase toda a sua vida como empreendedor foi a Apple. Já Bill Gates focou todas as suas energias na Microsoft.

Musk, com suas principais empresas, a Tesla, SpaceX, Solar City e The Boring Company, além da Neuralink, mostra uma capacidade multitarefa que, basicamente, nenhum outro empreendedor já teve. Especialmente se levarmos em conta o grau de complexidade de cada uma dessas operações.

É verdade que Elon Musk acaba focando a maior parte de seu tempo e energias na SpaceX e na Tesla, mas nessas duas, o seu grau de participação e envolvimento nas atividades chega a beirar o fisicamente impossível. É como se ele conseguisse estar em vários lugares ao mesmo tempo!

Em primeiro lugar, ele administra um número maior de empresas, de funcionários e em segmentos de mercado diferentes. Em comum com Jobs e Gates, Musk tem a área de tecnologia e sua grande habilidade de ser visionário, criando demandas e produtos inovadores e de grande sucesso. Jobs era brilhante no Marketing, assim como Musk, mas com abordagens diferentes.

Steve Jobs era mais perfeccionista e se preocupava muito com cada detalhe de suas apresentações e contatos com a imprensa. Já Musk, age muito mais no improviso do que com preparação prévia. Ele diz que não tem tempo para longas preparações e ensaios e, por isso, muitas vezes, acaba fazendo apresentações, concedendo entrevistas e soltando diretamente notas para a imprensa (isso mesmo, ele deixa seus assessores de imprensa malucos!), tudo isso sem preparações muito elaboradas, e que isso eventualmente, pode trazer algum resultado não tão bom.

Musk é um workholic assumido. Aproveita cada minuto do seu dia e reclama de tudo que precisa fazer que "roube" tempo dos seus esforços de trabalho. Até mesmo almoçar e jantar são coisas que ele já mencionou que gostaria de deixar de fazer, se fosse possível!

Como já mencionei, uma característica das mais importantes de Musk, que moldaram sua forma de gerir seus negócios, é a premissa de que ele precisa salvar o mundo, garantindo que haja colônias humanas em outros planetas, reduzindo a poluição do planeta e deixando a Terra mais sustentável, antes que nós humanos possamos destruí-la.

Ou seja, apesar de visar lucros para seus negócios, ele tem como objetivo maior alcançar a realização de seus maiores sonhos para a humanidade, deixando um legado importante para as próximas gerações.

Para Musk o importante é criar negócios inovadores e não focar apenas em negócios pelo potencial de geração de dinheiro. Negócios que foquem em objetivos inovadores, tragam benefícios para as pessoas e possam melhorar o mundo serão recompensados com lucro, desde que bem administrados.

Outro ponto importante na estratégia empresarial de Musk é continuar sempre buscando novas oportunidades, dentro e fora de seus negócios principais. Podemos ver isso na relação entra a Tesla e a Solar City. Musk se preocupava em limpar a atmosfera com a substituição completa dos carros à combustão pelos veículos elétricos mas ele foi além. Viu a possibilidade de também fazer residências pararem de consumir energia "suja", eletricidade proveniente de usinas termoelétricas, que são a maioria em quase todo o mundo.

Sua atenção aos detalhes chega a ser assustadora! Ele quer participar de tudo e cobra de seus funcionários "apenas" a "perfeição". Nada pode ser esquecido. Forma e conteúdo precisam estar harmonicamente ligados. Ele não quer o carro mais eficiente: ele quer o carro mais eficiente, bonito em todos os detalhes e por um preço que seja competitivo. Ele não se contenta em levar carga e astronautas ao espaço. Ele quer executar essas tarefas com custo baixo, de maneira inovadora e até mesmo com "estilo". Não é à toa que o interior da cápsula Dragon e o traje espacial dos astronautas parecem saídos de um filme de ficção científica atual e não de um filme realista sobre a conquista espacial nos anos 1960.

Outra marca importante de Musk é a forma como ele gerencia seus talentos, seus funcionários. Ele foca na qualidade e não na quantidade de funcionários. E, ao contrário de Steve Jobs, Musk, de uma maneira geral, sabe prestigiar bem os seus talentos, entretanto, ele é muito duro com quem considera que possa estar "atrapalhando" seus projetos. Ele é direto, se está gostando do trabalho de alguém ele fala, mas se estiver detestando ele será muito duro, sem medir palavras!

O que ele realmente quer é que seus funcionários façam seus trabalhos bem feitos, façam o que ele quer que seja feito e, de preferência, da forma como ele quer que seja feito.

Muitas vezes ele chega a demitir funcionários por erros que não cometeram ou simplesmente porque não conseguiram cumprir algum prazo impossível de ser cumprido. Quando ele responsabiliza alguém por um erro, mesmo que a pessoa não tenha cometido tal erro, ela acabará sofrendo consequências que podem ser desde uma grande "bronca" até a demissão sumária. Musk é o tipo de chefe que ou é amado ou odiado por seus funcionários. O curioso é que até os que o "odeiam", o respeitam de uma maneira quase "messiânica", como acontecia na Apple, com Steve Jobs.

Elon tem um "dom" de conseguir tirar o máximo de seus funcionários, seja por bem ou por mal! Mas sua principal estratégia (bem sucedida) é fazer com que cada funcionário se comprometa com prazos e com a qualidade do seu trabalho.

Não há nada de errado em um chefe mandar um funcionário fazer um determinado trabalho em um determinado prazo e ainda exigir dele que seja feito com qualidade, mas o que Musk faz costuma ser diferente. Ele mostra aos funcionários a importância de que um determinado trabalho seja feito com qualidade e em um determinado prazo.

Com isso ele "arranca" de seu funcionário o comprometimento em fazer o que precisa ser feito, com qualidade, e no prazo que precisa ser feito. Com esse comprometimento o funcionário passa a executar seu trabalho, não por que Musk exigiu, mas por ele mesmo, porque sabe da importância do que esta fazendo. E isso faz toda a diferença! Musk é ótimo em conseguir esse tipo de comprometimento!

As contratações nas empresas de Musk, mas em especial na SpaceX, são baseadas nas universidades e nas notas dos candidatos. Somente são levadas em consideração pessoas formadas (em geral, há pouco tempo!) nas universidades da Ivy League, que são as oito melhores universidades dos Estados Unidos (Brown, Columbia, Harvard, Cornell, Darthmouth, Pensilvânia, Yale e Princeton) ou de outras poucas universidades que também estão, entre as melhores, como Stanford e UCLA, ambas na Califórnia. Mas, independente das notas e da universidade dos candidatos, o processo de seleção (à moda Elon Musk!) tenta identificar pessoas que tenham "paixão" pelo que fazem. Musk quer pessoas dispostas a "dar o sangue" e um pouco mais pela empresa e pelo seu trabalho e, ainda, que consigam passar pelos intermináveis testes e entrevistas. Quem consegue superar tudo isso, ainda pode ter um prêmio (ou sofrer um martírio!): ter sua entrevista final feita por Elon Musk.

Elon é tão ligado a todas as áreas da SpaceX que gosta de fazer as entrevistas finais com os candidatos. Ele fez a maioria dessas entrevistas, desde o início da empresa. Quando alguém é contratado, tem que estar completamente ciente de que seu objetivo final na empresa é mostrar resultados concretos! Isso é o oposto do que acontece, na prática, com quem trabalha em grandes empresas tradicionais.

As grandes multinacionais, normalmente associadas a grandes "dinossauros", pelo pessoal do Vale do Silício, acabam contratando muitos funcionários que, na prática, passam quase todo o seu tempo em intermináveis reuniões, almoços, jantares e viagens e que poucos resultados levam para suas empresas. E isso é exatamente o que Musk não quer que seus funcionários façam! Qualquer prática que lembre os "dinossauros", deve ser evitada!

Para isso, uma das prioridades de Musk, tanto na Tesla quanto na SpaceX (sem mencionar as suas outras empresas), é manter acesa a cultura e a perspectiva empresarial das Startups do Vale do Silício. Isso precisa ser feito a qualquer custo!

Para isso, Musk se preocupa em avaliar, desde o perfil dos novos contratados, até detalhes da decoração dos ambientes das empresas. Também é necessário oferecer benefícios compatíveis com os que funcionários de empresas de tecnologia estão acostumados, como certa flexibilidade para executar suas tarefas, mas sem deixarem de ser cobrados por resultados e pela rapidez com que os resultados são apresentados.

Essa é a postura de todas as grandes empresas do Vale do Silício que começaram pequenas e hoje tem o tamanho de muitas empresas do mercado tradicional. Como exemplos de empresas que se tornaram gigantes, mas continuam mantendo a cultura das Startups, podemos citar o Google, Facebook e a Apple, entre outras.

Em todas as suas jornadas de empreendedorismo, até hoje, Musk procura saber ao máximo sobre tudo que envolve os seus negócios, antes mesmo de prosseguir com o que quer que seja.

Antes da SpaceX, Musk estudou tudo que havia disponível sobre a possibilidade de usar um míssil intercontinental russo para viabilizar a ideia do projeto "Mars Oasis" (levar uma estufa robótica até Marte para testar o cultivo de plantas em solo marciano). Antes de suas muitas reuniões em Moscou, Quando tentou comprar mísseis intercontinentais, Musk sabia exatamente o que queria dos russos e o que seria possível fazer com os mísseis. Antes de começar com Tesla, seus estudos sobre carros elétricos e a tecnologia por trás deles, também foram bem detalhados.

Ou seja, para Musk, não é opção começar um negócio sem entender muito bem sobre ele e todas as possíveis implicações positivas e negativas. Aliás, esse é um erro muito comum que empreendedores cometem, em todo o mundo: Começar um novo negócio, sem conhecê-lo bem o suficiente.

O seu conhecimento do negócio espacial evoluiu muito, à medida que a SpaceX se desenvolvia e crescia. Ele passou a "aproveitar" o conhecimento de seus funcionários, especialmente os engenheiros. Musk começou a fazer longos "interrogatórios" a seus funcionários, sobre como eram trabalhadas as chapas de metal, a construção dos motores, válvulas, combustível, enfim, tudo ligado á engenharia de seus foguetes. Com uma impressionante capacidade de absorção e armazenamento de informações, Musk se tornou um CEO do setor aeroespacial com uma bagagem de conhecimento que, provavelmente, nenhum outro de seus pares nesse segmento possui.

Ele participa e se envolve em projetos e tarefas que nenhum CEO (ou bilionário de plantão) se envolveria. Se ele conseguisse estar em todos os lugares e participar de tudo que envolve seus negócios, ele o faria. Para entender o que cada um esteja fazendo nas empresas, ele pede explicações extremamente detalhadas. Isso serve para seu próprio aprendizado (é impressionante a quantidade de informações que ele consegue armazenar e utilizar no dia a dia) mas, também, para avaliar o conhecimento e o empenho de seus funcionários mas, especialmente, o comprometimento que cada um demonstra com a empresa e seus objetivos.

O foco de Musk, como um empreendedor que começou no mundo das Startups do Vale do Silício, sempre foi deixar suas empresas "enxutas", evitando desperdícios, usando a melhor tecnologia disponível para reduzir erros e custos e ganhar da concorrência.

No caso do mercado espacial, Musk se propôs, na época em que anunciava o seu primeiro foguete comercial, o Falcon 1 (nome dado em referência á nave Millenium Falcon, de Star Wars), que o custo para levar carga ao espaço que ele praticaria seria muito inferior ao que existia no mercado na época. Para se ter uma ideia, para se levar ao espaço 250 quilos de carga, naquela época, com o que havia de disponível no mercado, o custo era de cerca de 30 milhões de dólares. Musk anunciou que o seu foguete seria capaz de legar 635 quilos, por 6,9 milhões de dólares. Somente essa redução drástica de custos já seria uma revolução no mercado espacial. Mas para Elon Musk, isso era só o começo.

Com o anúncio de que poderia levar carga ao espaço, com baixíssimo custo, Musk também exercitou seu lado "marqueteiro". Aproveitou toda a exposição e entusiasmo que sua empresa causava, para conversar com pessoas que decidissem pelo governo americano, Forças Armadas, NASA e empresas privadas que tivessem interesse em, por exemplo, testar produtos em órbita, sem gravidade. Esse era, em princípio, o público alvo, ou seja, clientes potenciais para a SpaceX.

Musk soube aproveitar bem o momento e viu que sua proposta de transporte espacial de baixo custo resolveria os problemas de praticamente todos os seus possíveis clientes. Com isso, os primeiros contratos começaram a ser fechados.

Musk sempre foi conhecido por tentar impor aos seus projetos a sua própria velocidade (descomunal, sem precedentes e quase sempre impossível de acompanhar!). Ele sempre acha, com todo o seu otimismo e sua capacidade de trabalhar quase 24 horas por dia, que projetos que normalmente seriam feitos em três anos, podem ser facilmente concluídos em menos de um! Isso pode parecer loucura, mas tem se mostrado de grande eficiência para Elon Musk, apesar de também ter causado problemas!

Mesmo que nem sempre (ou na maioria das vezes) ele não consiga colocar em prática seus projetos no prazo inicialmente estipulado, Musk consegue realizá-los sempre com uma velocidade sem precedentes. Ou seja, seria como atirar uma pedra tentando acertar a Lua, mas acertar o alto de uma montanha. A Lua era impossível, mas o alto daquela montanha nunca havia sido alcançado antes!

Mas o grande problema em ser tão otimista com os prazos é que, quando não são cumpridos, Musk precisa, invariavelmente, se explicar para investidores, imprensa e clientes. Isso pode ser desgastante e até mesmo prejudicar seus planos. Mesmo assim, Musk tem conseguido "driblar" esses problemas e mantido a confiança nas suas empresas. Mesmo em 2008, quando tudo parecia dar errado e Musk precisou justificar os atrasos em todos os seus principais projetos, ele conseguiu contornar esses problemas e terminou o ano com capacidade de seguir em frente e reverter os efeitos da falta de capital e os danos causados à imagem das suas empresas.

Quanto ao seu hábito de colocar prazos difíceis de serem cumpridos, Musk diz que realmente foi otimista no início de seus negócios na SpaceX e Tesla, mas que parte desse otimismo se deu ao fato de que ainda não havia conseguido a experiência necessária nesses dois segmentos, apesar de todo seu esforço em aprender tudo o que podia.

Realmente, nos últimos anos, os prazos estão sendo cumpridos com mais facilidade, apesar de ainda existirem alguns casos de "otimismo" exagerado por parte de Musk. De qualquer forma, o acúmulo de experiência tem se mostrado importante quando ele determina novas metas. Ele diz que se esforça constantemente para conseguir fazer avaliações mais precisas e propor prazos mais realistas. Além disso, ele pede aos seus funcionários informações muito detalhadas sobre o que estão fazendo e suas expectativas quanto a finalização de cada etapa de um projeto. Com base nessas informações ele determina os "prazos fatais" (dead lines) para cada projeto ou etapa.

Musk também destaca a importância em divulgar para a imprensa, clientes e fornecedores, prazos maiores, mas adotar prazos menores para metas internas. Isso é importante para que, mesmo que algum prazo interno não seja cumprido totalmente, os prazos anunciados ao mercado sejam todos cumpridos.

Outro trunfo de gestão de Elon Musk é saber escolher e lidar com seus fornecedores. Ele não só procura quem possa fornecer uma determinada peça, mas ele quer parcerias fortes, de verdade! Isso porque ele pode precisar que seu fornecedor crie peças, produtos, ideias, softwares, seja o que for, com muita eficiência e velocidade. E não são todos os fornecedores que conseguem atender às expectativas de Musk. Por isso ele os escolhe com todo o critério, para reduzir os riscos de "ficar na mão" quando mais precisar. O importante é que os fornecedores consigam acompanhar o ritmo criativo, hiperativo e que realmente façam parte dos negócios de Musk.

Por essa razão, muitas vezes ele procura fornecedores fora da área de atuação específica do produto que precisa. O que importa é que essas empresas tenham *expertise* e capacidade de criar e produzir na velocidade necessária para acompanhar a criatividade de Elon Musk. Podemos dar como exemplo o fato de ele ter encomendado tanques de combustível para seus foguetes, não de uma empresa acostumada com esse tipo de tanque, mas acabou fechando negócio com uma empresa que fabricava tanques agrícolas!

Além disso, Musk é famoso por "ficar no pé" de seus fornecedores, muitas vezes, pessoalmente. Ele chega a fazer visitas surpresa às fábricas de seus fornecedores para ver se a produção de suas encomendas está ou não dentro do cronograma acertado. E quando ele percebe que um tipo de fornecedor não consegue atender às suas expectativas de qualidade e velocidade de entrega, ele procura internalizar a produção da peça ou equipamento, podendo assim dispensar fornecedores para aquele material específico.

Perseverança: ninguém pode dizer que Musk não vai atrás de seus objetivos, de maneira incansável e não deixa que falhas (ou muitas falhas), façam com que desista de alcançar suas metas. E, convenhamos, as metas de Elon Musk não são pequenas!

Quando, em 24 de março 2006, depois de muitos e muitos atrasos, o primeiro foguete Falcon 1 foi lançado de uma ilha no Oceano Pacífico, Musk presenciou seu primeiro grande acidente com seus foguetes. O Falcon, depois de um lançamento aparentemente perfeito, teve um incêndio que o levou a cair sobre o local de lançamento.

Musk não desistiu. Disse que a SpaceX estava no negócio espacial para ficar e que fariam de tudo para dar certo. Ele levou em conta que todas as grandes empresas e governos que tentaram colocar foguetes em órbita, falharam mais do que acertaram no início. A diferença é que essas empresas faziam isso com dinheiro público de seus países e Musk havia tirado dinheiro do próprio bolso para colocar um foguete em órbita. Mesmo assim, não desistiu até que desse certo!

Depois de falar sobre tantas qualidades como gestor e CEO de grandes empresas, devo falar sobre o que pode ser um dos pontos fracos de Musk, mas mesmo assim, esse ponto fraco é discutível! Musk tem demonstrado ao longo dos anos que é um grande "otimista". Isso no sentido de que quando projeta a conclusão de um projeto ele sempre parte do princípio que nada dará errado no caminho e que tudo possa ser feito em uma velocidade incrível. Isso já causou a ele problemas como ter que explicar à imprensa e a seus investidores longos e intermináveis atrasos para colocar o seu primeiro foguete em órbita ou para lançar o primeiro carro da Tesla. Tudo acabou acontecendo, mas com anos de atraso!

## O fatídico e decisivo ano de 2008

Sua perseverança e sangue frio foram colocados à prova durante um período em que suas empresas e sua vida pessoal estavam desmoronando. Tudo isso começou no final de 2007 e se arrastou até o segundo semestre de 2008, ano da grande crise econômica mundial.

No final de 2007, a Tesla e a SpaceX estavam vivendo momentos terríveis, assim como o casamento de Musk com Justine, sua primeira esposa e mãe de seus cinco filhos.

Os custos da Tesla eram enormes. O desenvolvimento do Roadster, o primeiro modelo comercial da montadora, estimado inicialmente em 25 milhões de dólares no plano de negócios feito em 2004, passara dos 140 milhões.

Musk tentava manter o entusiasmo de seus funcionários, da mesma forma que, pontualmente, "pegava muito pesado" com quem ele acreditava que não estivesse sendo produtivo. Em uma de suas falas aos seus funcionários, conclamando a todos que trabalhassem mais, inclusive nos finais de semana (como ele sempre fazia), Musk disse que se eles estivessem cansados, poderiam ter todo o tempo do mundo para descansar, quando a empresa falisse!

Esse foi um recado direto e bem efetivo para seus funcionários: ou você se esforça até o seu limite ou está fora. O esforço máximo era vital para a existência da empresa.

Ele simplesmente mantinha a sua mente como a de um CEO de uma Startup do Vale do Silício. Pensava na eficiência e nos números. E com números, Musk é realmente muito bom. O problema é que, no final de 2007 e início de 2008, Elon Musk sabia que precisaria conseguir mais aportes de capital para a Tesla e que, para isso, precisaria convencer investidores de que a empresa não só era viável, como seria um dos melhores investimentos que qualquer empresa ou investidor individual poderia fazer.

Mas fazer isso era difícil, se nem estavam conseguindo entregar os primeiros carros que já haviam sido vendidos! Pior ainda eram os problemas técnicos com a transmissão que quebrava o tempo todo e até mesmo com os pacotes de baterias, que estavam fazendo com que boa parte do carro estivesse sendo redesenhada, praticamente do zero!

Para ele, naquele momento, o foco precisava ser os custos, tanto na Tesla, quanto na SpaceX. A meta era a redução de custos baseada na eficiência dos funcionários, otimização de recursos e fornecimento de peças.

Parecia uma "tempestade perfeita". A Tesla não conseguia colocar seu primeiro carro em produção e a SpaceX ainda não havia conseguido colocar o Falcon 1 em órbita. Os custos gigantescos das duas empresas que estavam no vermelho, continuavam drenando as reservas de Musk. Com toda essa tensão, os problemas domésticos aumentaram e o casamento de Musk estava por um fio.

Sua opção, no início de 2008, mesmo tendo todo esse cenário negro à sua frente, foi o de colocar todo o dinheiro necessário para manter as empresas de pé. O problema é que, sem novas rodadas de investimentos,

Musk só conseguiria manter as duas empresas funcionando até o final de 2008 e, então teria perdido tudo.

Em meados de 2008 Musk se divorcia e, mesmo vivendo um momento de depressão, aumentado pela certeza de que precisaria conseguir dinheiro para as duas empresas, sem saber de onde esse dinheiro poderia vir, ele segue lutando e foca no terceiro lançamento do Falcon 1.

Ele sabia que se o lançamento fosse bem sucedido, seria possível começar a fechar contratos para levar carga ao espaço e que isso salvaria a SpaceX. Infelizmente, em 2 de agosto de 2008, o terceiro lançamento do Falcon 1 também foi um fracasso.

Musk estava no meio de um Tsunami. Seu casamento chegou ao fim, ele escondia de seus funcionários que as dificuldades das empresas estavam chegando a um nível insuportável e sabia que os resultados, tanto na Tesla, quanto na SpaceX, precisavam acontecer rapidamente ou tudo iria por água abaixo.

Era uma luta diária pela sobrevivência e até mesmo pela sanidade mental. Musk trabalhava como nunca, de segunda a segunda, dormindo muito pouco. Em junho de 2008 a divulgação do divórcio trouxe uma publicidade que Musk não queria e, para muitos, isso dava indícios de que também os negócios estavam indo mal, pior ainda do que a imprensa insistia em mostrar. O divórcio, somado a todos os seus problemas empresarias levaram Musk à depressão, mas ele continuou lutando.

Dizem que os melhores lutadores não são aqueles que conseguem bater mais e com mais força, mas sim aqueles que conseguem apanhar mais, caindo e se levantando incansavelmente. Por esse aspecto, Musk poderia ser considerado um "campeão mundial de MMA" naquele momento. Sua capacidade de absorver, lidar e reverter os problemas se mostrou impressionantes. E essa habilidade ou capacidade acabou trazendo resultados.

Naquele momento a SpaceX tinha dinheiro para fazer somente mais um lançamento e, depois seria o fim, caso não desse certo ou Musk não conseguisse mais investimentos. Então, em setembro de 2008, finalmente algo deu muito certo para a SpaceX e para Musk. O Falcon 1 subiu ao espaço, sem nenhum incidente e entrou em órbita. Pela primeira vez na história uma nave de uma empresa privada havia entrado em órbita. Isso abriu caminho para Musk começar a captar dinheiro de clientes interessados em colocar carga em órbita e até mesmo estreitou o contato a NASA.

Antes dos maiores problemas começarem ser resolvidos na SpaceX e Tesla, o que só começou a acontecer no segundo semestre de 2008, Musk foi um verdadeiro administrador do caos. Ele fazia tudo que estivesse ao seu alcance.

Ele procurava notícias sobre a tesla e SpaceX no Google e quando encontrava algo depreciativo, acionava suas equipes de assessoria de imprensa para tentar minimizar os efeitos de notícias e matérias negativas. Na realidade, localizar notícias positivas e negativas já fazia parte do trabalho regular da assessoria de imprensa, assim como tentar reverter, dentro do possível, os efeitos dessas notícias, através de estratégias de administração de crises, algo bem conhecido pelas melhores assessorias.

O fato de Musk, pessoalmente, ficar procurando esse tipo de material na Internet mostra o quanto ele tinha preocupação com o Marketing e, principalmente, como ele tem a necessidade de estar pessoalmente à frente das áreas mais críticas de suas empresas, especialmente em momentos tão delicados quanto os que ele viveu no final de 2007, até meados de 2008.

O Marketing era tão importante para Musk que ele "fiscalizava" pessoalmente o desempenho de seus funcionários dessa área. Ele considerava que sem um desempenho menor do que "impressionante", um funcionário não era bom o suficiente para ficar nas suas empresas.

No final de 2008, com a Tesla ficando sem capital para continuar e conseguir colocar o Roadster em linha de produção, a avaliação de erros de gestão só cresciam.

As metas de gastos eram sempre ultrapassadas, Apenas no desenvolvimento do Roadster, cujo planejamento inicial previa um gasto total de 25 milhões de dólares, o custo já chegara a 140 milhões. Eram notícias ruins em série e Musk sabia que não podia delegar fracassos e que ele, e somente ele, era responsável pelos erros e acertos. E ele estava decidido a reverter o jogo e, para isso, estava disposto a fazer o que fosse necessário e o mais urgente era convencer os investidores a injetarem mais dinheiro na Tesla.

No segundo semestre de 2008, apesar do sucesso no lançamento do Falcon 1, Musk sabia que vivia um "inferno financeiro". Os contratos de carga para o espaço ainda não estavam se concretizando e a Tesla havia conseguido entregar apenas uma fração dos carros já vendidos.

Elon viu que talvez fosse obrigado a fazer algo impensável: ter que escolher apenas uma de suas duas grandes empresas para injetar capital e, por consequência, deixar a outra "morrer" por falta de recursos. Era desesperador! Ele se via na iminência de ter que escolher a qual das duas empresas ele poderia dar sobrevida, uma esperança de que o negócio fosse para frente e tivesse sucesso mas, para isso, sacrificaria a outra. Seria uma perda milionária e, ainda, frustraria um de seus maiores sonhos de vida.

Apesar de saber que se colocasse todo seu dinheiro em uma das empresas, a escolhida teria muito mais chance de chegar ao ponto de ter resultados positivos. Outra alternativa seria dividir seu dinheiro entre as duas empresa mas, com esse cenário, as duas teriam chances bem mais reduzidas de sobreviver até produzirem resultados concretos.

No final de 2008, Musk estava freneticamente tentando conseguir investimentos para as duas empresas. Foi nesse momento que ele soube que a NASA estava negociando com empresas privadas que pudessem levar carga regularmente para a Estação Espacial Internacional. Conseguir um contrato como este poderia ser a salvação para a SpaceX. E por ter conseguido colocar a Falcon 1 em órbita, ele sabia que a SpaceX poderia entrar nesse "páreo" para ganhar!

Para manter a Tesla funcionando e fazer com que ela conseguisse atravessar o ano sem que fosse a falência, Musk organizou às pressas uma nova rodada de investimentos, onde esperava contar com alguns investidores mais próximos e que estariam dispostos a financiar a Tesla por mais algum tempo, para que fosse possível colocar a operação nos trilhos.

Ele negociou até mesmo na noite de Natal, tamanha a urgência da captação de investimentos. Mais uma vez, Musk mostrava sua determinação e capacidade de ser incansável e administrar o caos como ninguém.

Musk decidiu que colocaria o dinheiro que fosse necessário para manter as duas empresas funcionando. Para isso estimou um investimento necessário de 40 milhões de dólares.

Para levantar esse dinheiro, Musk fez de tudo: vendeu ações, conseguiu um empréstimo em nome da SpaceX, cujo dinheiro foi destinado á

Tesla e ainda teve a "sorte" de conseguir levantar 15 milhões de dólares pela venda de uma empresa de seus primos, na qual ele havia investido. Mesmo assim, ele havia conseguido levantar 20 milhões de dólares. Ainda faltavam mais 20... Musk recorreu aos investidores "regulares" da Tesla e no início de dezembro havia conseguido quase todo o montante necessário para manter a Tesla e a SpaceX funcionando pelo tempo necessário para que fossem obtidos os resultados que levariam essas empresas à autossuficiência e, algum tempo depois, ao lucro.

Mas como nada estava fácil para Musk naquele período, ele ainda teve dificuldades para finalizar a rodada de investimentos, o que só aconteceu no Natal daquele ano.

Naquele momento, pelo menos sua vida pessoal estava um pouco mais tranquila, pois ele já estava com Talulah, uma linda jovem britânica de apenas 22 anos, 14 anos mais nova do que Musk. Eles se conheceram pouco depois do divórcio de Musk ter se divorciado de Justine, tiveram um romance relâmpago e já estavam morando juntos.

O ano de 2008 foi a prova de fogo da vida de Elon Musk. O que ele passou nesse ano, poucos executivos e empresários conseguiriam suportar. Ele estava vendo todo o seu mundo, incluindo sua vida pessoal desmoronar, seus negócios à beira da falência, o fracasso no casamento, a imprensa sendo impiedosa e até mesmo o ridicularizando pelos problemas que enfrentava e pela sua "incompetência".

Mas tudo isso só fez nascer ou aparecer um Musk centrado, focado em seus objetivos, capaz de resistir às piores pressões e com a habilidade de estrategista muito afiada.

À exemplo de Winston Churchill que, durante a Segunda Guerra, quando a Inglaterra era impiedosamente atacada pelos alemães, não se deixou abater e liderou a Inglaterra à vitória, Musk também não se entregou. Via seus negócios e sua vida sendo "bombardeada" diariamente, mas conseguiu ter a frieza e a astúcia necessária para reverter o jogo, manter suas empresas funcionando e, depois de algum tempo, alcançar o sucesso nos negócios e manter seus sonhos vivos.

Essa característica de Elon Musk, a capacidade de seguir em frente, mantendo o raciocínio lógico e a estratégia no jogo dos negócios, em meio a grandes crises, é um dos principais pontos fortes dos maiores empreendedores, empresários e executivos de empresas em qualquer época.

É exatamente nos momentos de crise que os excepcionais se destacam dos bons e dos medianos. Em 2008 Musk pode mostrar ao mundo e provar a si mesmo sua capacidade e que seus sonhos realmente poderão fazer parte do futuro da humanidade. Afinal de contas, esse é o maior desejo dos grandes empreendedores: deixar um legado para seus filhos e para a humanidade. Musk está, certamente, no caminho de deixar um dos maiores legados que alguém já tenha criado.

## Os anos de reviravolta para Elon Musk: 2012 e 2013 – Tesla e SpaceX "decolam"

Em 2012, finalmente a redenção e as compensações por tanto esforço, tanto na Tesla quanto na SpaceX, aconteceram. Apesar de ter sido o ano de mais um divórcio para Musk, que acabara de se divorciar de Talulah, 2012 foi um marco no sucesso para Elon Musk. Foi nesse ano que aconteceu o grande lançamento do Model S da Tesla, que propiciou a consolidação da empresa no mercado automotivo americano. Também em 2012 a SpaceX conseguiu levar um foguete ao espaço, com carga que foi entregue à Estação Espacial Internacional.

Esses eventos fizeram com que a fama de Musk tomasse o mundo fora do Vale do Silício. Ele havia conseguido realizar feitos inéditos de tamanha magnitude que não poderia deixar de ser respeitado como empreendedor e visionário. Foi nessa época que Musk começou a ser visto como uma figura, até certo ponto, icônica, como Steve Jobs havia sido. Alguém capaz de sonhar, criar e revolucionar o mundo. Alguém que oferecia ao público o que ele nem sequer sabia que precisava, mas precisava desesperadamente! Um empreendedor do Vale do Sílício que estava mostrando a todos que a alta tecnologia iria revolucionar o mundo, tanto com seus carros elétricos, quanto com seus foguetes e naves espaciais, que já estavam provando que seria possível baratear viagens espaciais e até mesmo viabilizar colônias humanas em outros planetas e muito mais. Musk começava a se tornar uma figura recorrente no imaginário da cultura pop!

Em uma entrevista na época, um Elon Musk aliviado e confiante, disse que havia conseguido cumprir tudo a que se propusera fazer até aquele momento, apesar dos grandes atrasos (de anos!). Ele admitiu ter sido muito "otimista" em seus prazos iniciais, mas que estava aprendendo com os seus erros de estimativas.

Apesar do período de vitórias para Musk, pouco tempo depois, ainda em 2012, o jogo começou a ficar novamente difícil. Mesmo com uma fábrica operacionalmente capaz, a Tesla ainda enfrentava muitos problemas na linha de produção e, apesar de ter muitas encomendas, só conseguia finalizar e entregar uma pequena fração dos carros encomendados. Além disso, haviam milhares de compradores que encomendaram um Model S, deixando um sinal de 5 mil dólares, mas que não estavam fechando a compra, ou seja, nem todas as encomendas estavam concretizadas.

Com essas poucas vendas concluídas e pouquíssimos carros sendo entregues por semana, no primeiro semestre de 2013 a Tesla estava ficando sem dinheiro para continuar aberta. A situação era tão desesperadora que obrigou a Elon Musk fazer o que ele sabe fazer de melhor nos negócios: trabalhar e ser criativo sobre pressão!

Em situações como essa ele procura soluções que, basicamente, podem salvar ou acabar com a empresa de uma vez por todas.

O mercado estava apostando novamente contra a Tesla. Muitos clientes que compraram e receberam um Model S acabaram tendo muitos problemas com o carro. A rede de manutenção da Tesla era precária e não estava dando conta de tantos carros com problema, o que fazia com que o tempo na manutenção fosse grande demais. Para completar, na comparação do luxo, dos detalhes e acessórios do Model S, em relação aos modelos equivalentes da BMW ou Mercedes, o Model S perdia, apesar dos pontos fortes como a grande tela *touch screen* ou as maçanetas retráteis.

Com todo esse quadro e o dinheiro acabando, Musk criou uma estratégia radical (como sempre!) e também deu início a uma alternativa considerada por ele como muito ruim, mas que seria sua última chance de salvar a Tesla e manter seu projeto de mudar o mundo.

Em primeiro lugar, sabendo que precisaria levantar o máximo de dinheiro no menos tempo possível, Musk fez algo muito incomum em qualquer tipo de empresa. Ele colocou o maior número de funcionários que conseguiu, fossem eles de qualquer departamento, para ligar diretamente para clientes que haviam feito uma reserva do Model S e fechar a venda. Isso era vital para que a empresa continuasse funcionando e ele deixou isso muito claro para seus funcionários. Foram centenas de funcionários da Tesla ligando para alguns milhares de clientes, tentando fechar vendas.

Além de tentar converter os sinais de 5 mil dólares em vendas, rapidamente, Musk focou no que ele faz de melhor: Marketing. Passou a dar repetidas entrevistas falando sobre como a Tesla seria, em pouco tempo, a montadora mais lucrativa do mundo e anunciou seu ambicioso projeto de construir uma rede de recarga rápida em todas as principais rodovias dos Estados Unidos. Com isso, o proprietário de um Model S poderia rodar por todo o país sem custo algum. Como se alguém que tenha um carro à gasolina pudesse rodar indefinidamente, sem ter que se preocupar em pagar pela gasolina!

O projeto dos pontos de recarga é ambicioso, pois além de disponibilizar a eletricidade, muitos desses pontos de recarga também produzem sua eletricidade, através de painéis fotovoltaicos e o computador de bordo dos carros da empresa ainda indicma onde encontrar o ponto de recarga mais próximo.

Tudo que Musk estava fazendo, falando constantemente à imprensa, era para conseguir boa publicidade para a empresa, reduzir o efeito de publicidade negativa e resgatar a "aura" de inovação da empresa, para que seu público-alvo não perdesse o interesse e o respeito pelos carros e pela própria imagem da Tesla. Mais uma característica de Musk, como empreendedor que tenta o máximo que puder sozinho é se "jogar" com tudo no contato com a imprensa.

Em situações de crise, como a Tesla e a SpaceX estavam enfrentando, qualquer CEO de grande empresa ou até mesmo de Startups iriam utilizar os serviços de assessorias de imprensa, próprias ou terceirizadas, para fazer a gestão da crise e melhorar a imagem da empresa. Mas para Elon Musk, isso não era alternativa, porque ele confia muito mais nele mesmo do que em qualquer assessoria de imprensa!

Ele tem plena confiança de que ninguém melhor do que ele mesmo pode dar explicações e até mesmo confrontar a imprensa quando for necessário. E é exatamente isso que ele faz. Ele faz questão de falar com a imprensa e quando questionado sobre dados e fatos negativos, ele sabe como reverter a situação e deixar o entrevistador ou jornalista "perdido". Essa técnica se mostrou muito útil para Musk, em diversas ocasiões.

Musk falou com a imprensa, após episódios isolados de incêndios nos carros da Tesla, insistindo que seus carros eram os mais seguros do mundo e que, apesar de já serem muito seguros, a Tesla ainda iria aumentar o nível de segurança, para que os pacotes de baterias, a parte mais sensível e que poderiam causar incêndios, ficassem ainda mais protegidos evitando totalmente qualquer possibilidade de incêndios. A habilidade de Musk nessa situação fez com que a imagem da Tesla não ficasse abalada e os episódios de incêndios acabaram não afetando as vendas da empresa.

Dando continuidade para reposicionar a empresa sob o ponto de vista de seus clientes potenciais, Musk contratou um ex-funcionário da Apple, o executivo que foi responsável por parte do desenvolvimento da rede de lojas da Apple, as "Apple Stores".

Geoge Blankenship, que teve uma convivência de trabalho estreita com Steve Jobs, via na Tesla sua própria oportunidade de "mudar o mundo", assim como o próprio Musk. Blankenship trabalhou para ampliar e melhorar a rede de lojas da Tesla e deu a elas uma "cara de Apple Store".

Além disso, Blankenship também foi responsável por colocar na cultura da própria empresa o conceito de que os carros da Tesla não deveriam ser vendidos apenas como carros, mas sim como verdadeiros "objetos de desejo", assim como são vistos o iPhone e o iPad, pelos clientes e verdadeiros "fãs" da Apple.

Entretanto, como a situação financeira da Tesla era desesperadora, Musk já tratou de "engatar" um plano B. O que ele não poderia permitir é que a Tesla fosse à falência, jogando fora todo o esforço já feito e matando seu sonho de mudar o mundo com carros elétricos.

Por essa razão, Musk procurou Larry Page, co-fundador do Google, para propor que o Google comprasse a Tesla. Page gostou da ideia e as negociações começaram. É claro que Musk não queria vender a Tesla, mas sabia que se Page aceitasse comprá-la, o processo de venda levaria algum tempo e que, se nada mais desse certo, ele venderia a empresa. Mas nesse interim, algo inesperado realmente aconteceu.

O "exército" de funcionários que Musk colocou para fechar as vendas dos clientes que haviam feito reservas para a compra do Model S conseguiu uma façanha. Em pouco tempo foram convertidas quase 5000 reservas em vendas, o que fez com que a Tesla apresentasse lucro e o fantasma da falência fosse afastado. Com o lucro, as ações da empresa subiam de 30 para 130 dólares, aumentando a confiança do mercado e dos consumidores na empresa. Após essa reviravolta positiva nas finanças da Tesla, Musk cancelou seu acordo que ainda estava em andamento, para vender a empresa ao Google.

## A criação do "mito" Elon Musk

Quando começou sua jornada como um pequeno empreendedor, Musk ainda era, basicamente, um *nerd* que estava tentando fazer algo de importante para a sua vida e, com os seus sonhos, também queria mudar o mundo. Mas, naquela época, ainda eram sonhos de um jovem tímido e até certo ponto, pouco articulado.

Ele estava longe da desenvoltura de grandes executivos e, especialmente, do mais icônico e inovador empreendedor da época: Steve Jobs. Jobs era capaz de encantar multidões com suas apresentações de produtos inovadores, coisas que estavam mudando o mundo da tecnologia e o dia a dia das pessoas. Com produtos como o iPad e o iPhone, a nossa vida realmente mudou, mesmo para quem nunca teve um produto da Apple.

Elon Musk teve muitos sucessos na sua trajetória de empreendedor, mas também acabou tendo muitos tropeços. Nesse caminho ele percebeu a importância de ter uma boa comunicação com o público. No caso da Tesla, conquistar o público em geral e convencer pessoas a pagarem muito caro por um carro não é uma tarefa fácil.

Ter um produto de ótima qualidade e inovador não é simples, especialmente no mercado de automóveis. Ele acabou percebendo que poderia criar uma sinergia importante "colocando no mesmo pote" a Tesla, a SpaceX e ele mesmo. Mostrar ao mundo que os carros da Tesla eram criados por um empreendedor único, visionário, que "nasceu" no Vale do Silício e que também estava construindo naves espaciais e planejando uma colônia em Marte, é algo que iria valer muito para a empresa.

Aos poucos, Musk foi construindo a imagem de um novo e "maior" Steve Jobs. Uso a palavra "maior", não porque Musk seja melhor que Jobs, mas que os empreendimentos de Musk estão ligados a áreas que movimentam mais dinheiro e que tem um potencial inédito de mudar a humanidade. Isso foi forjando a imagem de Musk e essa imagem tem contribuído de maneira decisiva para o sucesso, tanto da Tesla, quanto da SpaceX.

Aos poucos, Musk foi ficando mais hábil em suas aparições em publico e para a imprensa. Assim como Jobs, muitas vezes ele é implacável na gestão de seus negócios, mas aprendeu a lidar com a imprensa e o público em geral com toda a maestria.

Musk sempre soube capitalizar muito bem os eventos nos quais ele apresentava ao público e à imprensa algo novo e espetacular. Em 2014 houve um evento da Tesla, que consolidou a força do nome de Musk.

No bom e velho estilo de Steve Jobs, Musk apresentou uma versão do Model S, com dois motores, um na parte dianteira e outro na parte traseira do carro. Esse conjunto de motores aumentava incrivelmente o torque, ou seja, a velocidade de "arrancada" do carro, que conseguia fazer de 0 a quase 100km/h em apenas 3,2 segundos. Era incrível e mostrava que um sedã de luxo era capaz de ter o desempenho comparável aos melhores carros esportivos do mundo, como um Porche, uma Lamborghini, Ferrari ou uma McLaren.

Esse evento marcou definitivamente a imagem de Elon Musk como "superstar da tecnologia e da indústria automobilística". Essa imagem é algo que Musk soube e sabe aproveitar muito bem. Afinal, quem lembra os nomes dos CEOs das grandes indústrias automobilísticas do mundo? Mas o nome de Musk, já se tornou uma "lenda"! E a cada feito novo da Tesla e especialmente da SpaceX, a imagem de Musk e sua fama vão se fortalecendo em todo o mundo.

## A poderosa sinergia criada pelas empresas de Musk

Sinergia, por definição no mundo dos negócios, é a capacidade que dois elementos têm de, ao se unirem, criar um resultado maior do que a simples soma de suas forças, ou seja, é a regra do "2+2=5".

As empresas de Elon Musk, por suas características e especialmente pela força do próprio nome de Musk, se beneficiam do Marketing, mas também, da própria produção e força de vendas.

À partir de 2012, ano das primeiras grandes realizações da Tesla e da SpaceX, respectivamente, com o início das vendas do Model S e o sucesso do lançamento do foguete Falcon 1, as empresas de Musk, incluindo a Solar City, passaram a formar um "bloco", no qual a imagem de uma ajudava as outras. Isso se refletia até mesmo no campo dos investimentos e no mercado de ações. As ações de uma empresa, muitas vezes, acabavam subindo devido ao sucesso obtido por outra do grupo. Isso acontecia em situações como quando um dos primeiros lançamentos bem sucedidos da Space X, fez com que as ações da Solar City e Tesla fossem valorizadas, acompanhando parcialmente o aumento do valor de mercado da própria SpaceX.

Começando pelo Marketing, apenas por ser uma empresa do grupo de Musk, a força do nome do "Homem de Ferro", faz com que o mercado, investidores e consumidores a vejam como algo de valor, assim como seus produtos.

As empresas também se beneficiam da força do nome e da área de atuação das outras. Por exemplo, quem não gostaria de ter um carro elétrico, com design, acessórios, motor e tecnologia que é parcialmente criada e desenvolvida por uma indústria de naves espaciais e foguetes de alta tecnologia? Esse tipo de Marketing não tem preço! A Tesla, além de se beneficiar da imagem de Musk e da SpaceX, ainda pode contar com a parceria da empresa espacial no desenvolvimento de peças e técnicas de produção.

A Solar City, responsável por disseminar pequenas usinas de energia solar para residências e empresas, como subsidiária da Tesla, conseguiu potencializar seu faturamento através dos canais de vendas online dos carros da Tesla. A associação direta dos produtos da Solar City com a Tesla fez com que a percepção de valor da empresa e de seus produtos aumentasse muito para seus clientes potenciais e para o mercado em geral.

Além disso, a Tesla produz os pacotes de baterias que são utilizados nas unidades de armazenamento das centrais domésticas e empresariais de produção de energia com painéis solares. Essa sinergia na produção das centrais de armazenamento é uma vantagem competitiva espetacular para a Solar City que, além de contar com o "endosso" de qualidade da Tesla, ainda consegue oferecer a melhor central de armazenamento de energia, com a melhor tecnologia existente de baterias de Lítio.

# 12

# Vivendo no presente e no futuro de Elon Musk

Como sabemos, Elon Musk tem uma visão do mundo bastante peculiar e, principalmente, uma visão do futuro que ele está fazendo de tudo para antecipar, ou seja, Musk quer trazer o futuro para o presente, o mais rápido possível.

Por essa razão, tudo que ele cria ou desenvolve tem a ver com transformar o mundo em um lugar mais seguro, menos poluído, com tecnologia de filmes de ficção científica disponível para pessoas "normais".

Com a SpaceX, ele também quer trazer a ficção científica para o dia a dia da humanidade, de uma maneira sem precedentes. A exploração espacial e, especialmente a colonização de Marte, abriria a possibilidade para centenas de milhares de pessoas viverem a aventura espacial a médio prazo.

Os carros elétricos, com direção autônomas, vão reduzir acidentes, levar passageiros com mais conforto e otimizar o tempo das pessoas durante os trajetos. A entrada pesada da Tesla no mercado de automóveis já está fazendo com que as empresas tradicionais do setor automotivo produzam e aumentem seus projetos e metas de fabricação de carros elétricos.

Os esforços de Musk para popularizar a tecnologia de produção caseira e comercial de energia elétrica à partir de painéis solares, não só barateia as despesas dos consumidores, como reduz a necessidade de produção de energia elétrica com fontes poluentes, como nas usinas termoelétricas.

O "sonho elétrico" de Musk, com a popularização das mini usinas solares caseiras e para empresas, os carros elétricos que a Tesla fabrica e os que a concorrência estão produzindo, especialmente depois do sucesso da Tesla e de Musk, tudo isso, tem potencial para mudar até mesmo o clima no nosso planeta, com a redução drástica da emissão de gases poluentes.

Em teoria, essa redução seria capaz de reduzir o efeito estufa, melhorar a qualidade do ar, especialmente nas grandes cidades e, com isso, diminuir o aquecimento global, dando mais tempo à humanidade para minimizar ainda mais os efeitos nocivos que causamos no nosso planeta, antes que seja tarde demais. Elon Musk não pensa pequeno...

Ainda nesse presente e futuro de Elon Musk, haverá os túneis subterrâneos de alta velocidade que levarão carros, de forma autônoma, de um lado a outro nas grandes cidades, reduzindo o trânsito e fazendo com que as pessoas gastem muito menos tempo em seus deslocamentos.

Musk também está mudando a forma como a Internet será distribuída pelo mundo, via satélite, com alta velocidade e que poderá ser acessada de qualquer lugar no planeta através da Starlink. Além disso, com a sua empresa de implantes neurais, Musk está se atrevendo em uma área na qual até a ficção científica não entra com regularidade. Aumentar a inteligência, conhecimentos e habilidades das pessoas, através de implantes neurais e inteligência artificial. Tudo isso, ou já existe, ou está prestes a ser disponibilizado ao público, a curto ou médio prazo.

Especialmente à partir do Século XIX, passando por todo o Século XX e nessas primeiras décadas do Século XXI, podemos relacionar grandes empreendedores visionários, como Thomas Edson, Henry Ford, Howard Hughes, Bill Gates, Steve Jobs, Richard Barnson ou Jeff Bezos, mas nenhum conseguiu realizações com a magnitude das conquistas que Elon Musk está fazendo. E, como ele ainda é jovem, é possível que ainda se aventure em outras empreitadas que venham a mudar ainda mais o mundo. De qualquer forma, ele está criando um legado impressionante para a humanidade.

O futuro, como diz o ditado popular "a Deus pertence" e não podemos garantir o sucesso ou o fracasso das empreitadas monumentais de Elon Musk. Seu sucesso poderá ser maior do que as expectativas atuais, ele poderá, inclusive, se aventurar em outros segmentos, de maneira ambiciosa mas, por outro lado, muitas coisas podem dar errado e colocar a perder todo ou grande parte do trabalho e dos negócios de Musk.

Um grande foguete explodindo, assim como aconteceu com os ônibus espaciais Challenger e Discovery, que acabaram com o programa desse tipo de espaçonave, poderia provocar o mesmo efeito na SpaceX. Carros elétricos da Tesla que venham a apresentar um defeito que causem muitas mortes, poderia destruir a confiabilidade da fábrica e leva-la à falência.

Entretanto, com o histórico que Musk criou de perseverar a todo o custo e não desistir de seus ideais e negócios nos faz acreditar que, mesmo que aconteçam adversidades, e elas certamente ocorrerão, mesmo que essas adversidades sejam trágicas, o que se espera de Elon Musk é que não desista e lute como tem lutado para, não só manter as suas empresas, mas para fazê-las crescer além dos sonhos mais fantásticos.

Elon Musk ainda é jovem para um empresário que chegou até onde ele chegou e seu potencial parece ser incrível. Vai ser muito interessante para todos nós acompanharmos o que o futuro e Elon Musk trarão para a Humanidade.

# Bibliografia e referências on-line

*Elon Musk: Tesla, SpaceX, and the Quest for a Fantastic Future*, Ashlee Vance, Harper Collins, Estados Unidos, 2017, ISBN 978-00-62301-25-3

Liftoff: Elon Musk and the Desperate Early Days That Launched SpaceX, Eric Berger, William Morrow. Estados Unidos, 2021, ISBN 978-00-62979-97-1

https://tesla.com SITE OFICIAL DA TESLA

https://www.spacex.com/ SITE OFICIAL DA SPACEX

https://www.boringcompany.com/ SITE OFICIAL THE BORING COMPANY

https://neuralink.com/ SITE OFICIAL DA NEURALINK

https://olhardigital.com.br/2021/04/15/pro/spacex-recebe-aporte-de-us-116-bilhao-em-rodada-de-financiamento/ OLHAR DIGITAL – SpaceX recebe aporte de US$ 1,16 bilhão em rodada de financiamento

https://exame.com/ciencia/como-elon-musk-pretende-colonizar-marte-e-criar-suas-proprias-leis/ REVISTA EXAME – Como Elon Musk pretende colonizar Marte e criar suas próprias leis

https://www.uol.com.br/tilt/noticias/redacao/2020/02/09/um-milhao-de-pessoas-em-marte-battlestar-galactica-de-musk-dara-certo.htm UOL - TILT - Um milhão de humanos em Marte até 2050: Plano ambicioso de Musk dará certo?

https://www.infomoney.com.br/perfil/elon-musk/ INFOMONEY – Elon Musk: O homem por trás dos projetos mais audaciosos dos últimos tempos

https://www.uol.com.br/tilt/noticias/bbc/2021/01/08/seis-segredos-para-o-sucesso-de-elon-musk-o-homem-mais-rico-do-mundo.htm UOL - TILT - Elon Musk: 6 segredos para o sucesso do homem mais rico do mundo

https://www.uol.com.br/tilt/noticias/redacao/2020/09/27/astronautas-andando-na-lua-ate-2024-conheca-as-arriscadas-etapas-da-missao.htm UOL - TILT - Astronautas andando na Lua até 2024? Conheça as arriscadas etapas da missão